KB069971

아이와의 관계는
아빠의 말투에서
시작됩니다

아이와의 관계는 아빠의 말투에서 시작됩니다

조금 늦었지만

첫째 아들, 둘째 아들, 그리고 막내딸에게

마음으로 쓴 아빠의 반성문을

다음과 같이 제출합니다.

들어가는 말

우리 가족 행복을 위해 제출하는 아빠의 반성문

1

쓰기 힘든 원고였습니다.

세상은 저를 커뮤니케이션 전문가라고 부릅니다.

하지만 그건 비즈니스 분야에 한정된 이야기입니다.

정작 가족, 특히 아이들과의

커뮤니케이션은 낙제점이었습니다.

그래서 용기를 내보기로 했습니다.

하루가 다르게 성장하는 나의 아이들에게,

그 과정에서 이런저런 어려움을 겪었을 아내에게,

사과의 말을 전할 시간도 얼마 남지 않았음을
알았기 때문입니다.

가족 간의 소통에 관한 대단한 이론이나
신박한 솔루션을 제안할 능력은 제게 없습니다.
아이를 잘 키우는 방법도
여전히 미궁으로 남아 있습니다.
그러니 이 책에선 그저 제가 잘못했던 것들을
있는 그대로 고백하기로 합니다.
가능하면 모두.

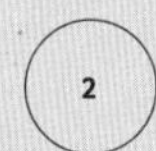

임기가 정해진 선출직 정치인 중 몇몇은
"중간 평가를 받겠다"라는 말을
선거공약으로 내세웁니다.
임기 중에 평가를 받고 문제가 있으면
책임지겠다는 의미겠죠?
이 책은 아빠로서 중간 평가를 받기 위해

아이들에게 제출하는 보고서입니다.
원고를 쓰다 보니 아이들의 선처를 기대하며
반성할 일밖에 없었습니다.
성숙해진 아이들의 넓은 마음에
기대를 걸어볼 수밖에요.
아이들에게 해고되지 않고 재고용되고 싶습니다.
그동안의 잘못을 뉘우치고 용서받고 싶습니다.
아빠의 자리, 지키고 싶습니다.

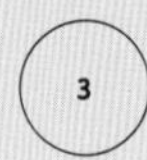

그동안 아이들을 소유할 수 있다고 생각했습니다.
내 것이기에, 내가 말하면 아이들이 무조건
따라야 한다고 착각했습니다.
건강한 마음으로 건강하게 키우는 양육이 아닌
제 욕망을 채우기 위한 사육을 했던 것 같습니다.
그걸 또 부모의 사랑이라고 믿었습니다.
아이들은 '취급 주의'가 적힌 상자 속 유리그릇처럼
깨지기 쉬운 존재입니다.

조심스레 다뤄야 할 존재를
저는 흔들고 내팽개쳤습니다.
돌이킬 수 없는 실수였습니다.

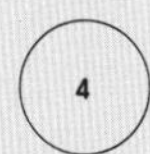

저는 자녀 교육 전문가가 아닙니다.
아이들 심리를 잘 아는
정신건강의학과 전문의도 아닙니다.
그렇기에 아이들과 소통하기 위한
대단한 해법은 이 책에 없습니다.
사실 제 잘못을 확인하고 나열하기조차 벅찼습니다.
되돌아보니 왜 그리도 후회되는 일 천지인지.

잘 알지도 못하는 입장이기 때문에 건방지게
"이게 정답이다!"라고 하지 않겠습니다.
만약, 자녀와의 관계에서
속 시원한 솔루션이 필요하다면
이미 출간된 관련서를 읽어보시길 바랍니다.

5

사람의 기질과 습관은 고치기 쉽지 않습니다.
다른 방향으로 움직이려면 더 강한 자극이 필요합니다.
사랑하는 자녀와 좋은 관계를 맺고 싶은 아빠들에게
이 책이 불편하면서도 냉혹한 채찍이 되기를
기대합니다.
어렵더라도 저와 같은 실수를 범하지 않았으면 합니다.

아빠를 살아가게 하는 건, 아이들의 숨결이 아닐까요?
그 숨결, 오래오래 만끽하고 싶다면
저를 반면교사로 삼으세요.
늦지 않았습니다.

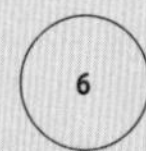

사람은 열 살 무렵이 되면
대부분의 사고와 행동 패턴이 정해진다고 합니다.
이 중요한 시기를 보내는 아이들에게

나는 과연 아빠로서 현명하게 행동했을까?

아닌 것 같습니다.

그동안 저질렀던 치명적인 실수들을

부끄럽지만 이제부터 고백하려 합니다.

2021년 가을

김범준

"아빠가 잘못했다."

차례

들어가는 말
우리 가족 행복을 위해 제출하는 아빠의 반성문 006

아빠랑 더 무슨 말을 해?

아빠의 발등에 불이 떨어졌다 021
아빠는 돈 벌어 오는 기계가 아니다 026
쿨함과 권위 사이에서 균형을 맞추는 법 032
자녀의 말투는 아빠의 말투를 닮는다 039
싫다는데 열 번 찍으면 그건 범죄다 043
'미안하다'는 따뜻한 말 한마디 048
사랑할 수 있을 때 사랑할 것 054
하얀 거짓말은 없다 061

2장

아이를 주눅 들게 하는 말 습관

아빠의 지성을 앞세우기 전에 아이의 감성을 관찰할 것 ─── 069

자녀는 포기의 대상이 아니다 ─── 075

무기력한 순둥이로 키우고 싶은가? ─── 081

자녀의 선물에는 일단 고마움부터 표현할 것 ─── 087

어느 날 아이가 입을 닫았다면 ─── 093

미안한 마음을 가졌을 아이를 따뜻하게 품는 방법 ─── 099

아이의 한계가 아닌 성장에 초점 맞추기 ─── 103

밥상머리 교육 대신 밥상머리 관찰 ─── 109

3장

비교하고 차별해서 미안해

아빠의 자격지심은 아이의 자존감을 무너뜨린다 ─── 117

아빠의 섣부른 판단이 가족 내 차별을 만든다 ─── 122

아빠의 경험은 그때 그 시절에만 옳았을 뿐이다 ─── 127

비교에는 끝이 없다 ─── 132

못한 일보다 잘한 일에 집중할 것 142
말 한마디가 평생을 간다 148
자녀의 실수를 탓하기 전에 153

아이들은 부모의 말을 먹고 자란다

아이의 말이 소음으로 들린다면 163
부모는 아이의 첫 번째 선생님이다 169
아빠의 문제 해결 욕구가 아이의 문제 해결 의지를 없앤다 173
'1+1=3'이라고 말하는 아이를 인정할 수 있을 때까지 178
세상과 맞짱 뜰 줄 아는 아이가 되길 원한다면 183
사랑의 매라는 폭력 188
세상은 맘대로 되지 않는다는 진리를 알려주는 법 193
아빠의 욕망을 아이에게 강요하지 말 것 198
스스로 길을 찾는 아이가 되길 원한다면 204

좋은 관계는 스몰토크부터

자녀와 친밀해지는 출발점, 스몰토크 213
자녀의 솔직한 피드백에 감사할 것 220
자녀는 오늘도 아빠를 '복붙'하는 중이다 226
자녀와의 약속만큼은 반드시 지킬 것 230
자녀의 인사를 대하는 아빠의 태도 234
하고 싶은 것이 있다는 것만으로도 충분하다 239
아이들은 오늘도 너그러워지는 중이다 243
잘 지켜보면 너무나 예쁜 아이들 247

나오는 말
나는 정말 아빠다운 아빠가 되었을까? 251

참고한 자료들 255

1장

아빠랑 더 무슨 말을 해?

어미 새는 새끼 새에게 “이렇게 날아라”라고 하지 않는다.
그저 어미 새가 여기서 저기로 휙 날아가고,
그걸 본 새끼는 따라서 할 뿐이다.
인간도 마찬가지로 뿌린 대로 거둔다.
아빠부터 잘해야 한다.

아빠의 발등에 불이 떨어졌다

동물행동학자 최재천 박사는 《조선일보》에 연재한 칼럼에서
인간을 포함한 거의 모든 동물에게
자식을 돌보는 일은 대체로 암컷 몫이라고 말했다.
대부분 수컷은 짝짓기 후 서둘러 자리를 뜬단다.
그런데 특이하게도 자식을 돌보는 아빠,
즉 수컷이 있긴 있다는데.

국제학술지 《동물 행동(Animal Behavior)》에는 자식을 돌보는 아빠 거미의 행동이 보고되었다. 중남미 열대에 서식하는 이 왕거미의 수컷은 짝짓기를 마친 후 암컷의 거미줄 위에 천막 같은 거미줄을 치고 머물며 알집 주위의 거미줄을 수리하기도 하고 알집 위에 떨어진 빗방울을 털어 내기도 한다.

(중략) 연구자들은 긴 다리를 빼곤 먹을 게 별로 없는 수컷에 비해 상대적으로 흐벅진 몸매를 지닌 암컷들이 너무 자주 포식동물에 잡혀 먹히는 바람에 아빠들이 어쩔 수 없이 자식 양육을 떠맡은 것으로 추정한다. 인간 사회도 그렇지만 급해져야 아빠들이 나선다.

칼럼의 마지막 문장,
"급해져야 아빠들이 나선다"라는 말에 '빵!' 터졌다.
한편으로는 나를 돌아보며 부끄러워졌다.
지금, 아빠 거미보다 더 급해졌기 때문이다.
열일곱, 열여섯, 열넷.
사춘기 아이들 셋의 아빠인 나에게 최근 걱정이 생겼다.
아이들에게 소외받는다고나 할까.
뭔가 엉망이 되어 가는 느낌이 들었다.
'앞으로 편하게 대화 한번 못 하는 사이가 되는 게 아닐까?'라는
두려움은 점점 더 나를 조급하게 만들었다.
그야말로 발등에 불이 떨어진 것이다.

부모는 자녀에게 행복을 줘야 하는 존재다.
그런데 나는 행복은커녕 제대로 된 관계도 맺지 못했다.

엉망인 관계를 알아챘으니 급하긴 한데
도대체 뭘 해야 할지 몰랐다.
평소에 다정한 관계를 맺어 놓은 것도 아니고
아빠라고 한 것이 고작 성적이 나쁘면 신경질 내고,
성적이 좋으면 용돈 주는 정도가 전부였다.

대화는 어땠을까?
아이들은 아빠의 칭찬보다 무관심을 더 선호하는 눈치였다.
칭찬이 짜증으로, 격려가 훈계로 이어지는 아빠의 말투에
진저리 친다는 걸 나는 이제야 깨달았다.
일터에서 생긴 짜증을 집에서 아이에게 쏟아내는 아빠,
"뭐 이런 놈이 있어?"라며 거친 말도 마다하지 않는 아빠,
심지어 아내에게도 퉁명스러운 태도로 말하는 남편,
그게 바로 나였다.
자녀에게 "야!"라고 부르는 일조차도 조심해야 한다.
그런데 나는 저잣거리의 불량배처럼 욕을 해댔다.
아이의 잘못이 그 무엇이든 그건 아니었다.
기준 미달의 아빠였다.

서양에선 애인을 '베이비(baby)'라고 부른단다.
그게 누구든 절대적인 사랑을 주고 싶은 대상을
그렇게 부르는 것이다.
이처럼 아이는 조건 없는 사랑을 상징한다.
우리의 자녀도 마찬가지다.

그런데 나는 착각했다.
평소에 아이들이 좋아하는 말과 행동을 해둔다면
가끔은 실수를 해도 괜찮다고 여겼다.
아무리 백번 사랑을 표현해도 단 한 번의 말실수로
아이들의 자존감을 떨어뜨릴 수 있다는 걸 몰랐다.
모르는 게 어디 그뿐이었을까.
아이들이 싫어하고 괴로워하는 일을 하지 않는 게
관계 유지에 중요하다는 것도,
완벽한 부모가 되고 싶다는 욕망보다는
괜찮은 부모로 살겠다는 겸손과 성실이
아이와의 관계에 훨씬 더 좋은 덕목이라는 것도 몰랐다.

모르는 게 너무 많았다.

모르면 모르는 대로 겸손했어야 했다.

모르면 알기 전까지 함부로 말을 하지 말았어야 했다.

그런데 나는 거칠고 냉정하고 비뚤어진 말을 쏟아냈다.

아이들의 마음 한구석에 구멍을 뚫어놓는

돌이킬 수 없는 말들.

부끄럽고 또 미안할 뿐이다.

아빠의 금칙어

××××× 뭐 이런 놈이 있어?

짜증 섞인 말이 튀어나오려 할 때는 잠시 침묵을 유지하세요.
멈추면 비로소 자녀의 사랑스러움이 보일 거예요.

아빠는 돈 벌어 오는 기계가 아니다

우리 아버지 세대는 돈 벌어 오는 것으로
아빠의 도리를 다했다고 생각했다.
미래의 행복을 위해 현재의 행복을 유보한다는
이 마법 같은 말은 이제 유통기한이 지났다.

돈 벌어 온다면서 생색내는 나의 모습?
아이들에겐 옆집 아저씨와 다를 게 없는 모습일 뿐이다.
오다가다 만나는 아저씨 같은 아빠와
좋은 관계를 맺으려 노력하고픈 자녀는 세상에 없다.
그런데 이걸 나는 몰랐다.
여전히 돈 벌어 오는 것 하나만으로도 충분하다고,

아이들에게 다정하고 따뜻한 말투를 건네거나
관심 어린 행동을 보이는 일에는 소홀해도 된다고 착각했던 나는
어느새 아이들과 벌어진 거리를 눈치채지 못했다.

몇 년 전 아이와 아빠가 함께 여행을 가는 한 예능 프로에서
한 부자가 잠자리에 들기 전에
집에 전화를 걸었던 장면이 기억난다.
아들이 엄마에게 "사랑해"라고 하자
아빠가 깜짝 놀라며, "둘이서는 이런 말 잘해?"라고 물었다.
그러자 아내가 "잘하지, 내가 그만큼 해주잖아"라고 답한다.
여기서 아빠의 대답이 압권이었는데,
"나는 그럼 뭐 얘를 얻어먹였냐?"라고 항변했다.

그 모습에서 돈 벌어 오면 아빠 역할을
잘하고 있다고 생각하는 내 모습이 보여 씁쓸했다.
이후 두 부자는 여행을 다니면서
어색했던 사이에서 돈독한 사이로 변해가는 모습을
보여줬던 걸로 기억한다.
그래도 이 장면은 오래도록 내 기억에 남았다.

아이들은 순식간에 성장했다.
훌쩍 큰 아이들을 보면서 '언제 이렇게 컸지?'라며 놀라는 한편,
몸보다 더 자란, 아이들의 생각에는 어찌할 바를 몰랐다.
이젠 아빠 역할이 필요하지 않은 건 아닌지 의문이 생길 정도였다.
'어떻게 말해야 하지?'
'어떻게 행동해야 하지?'

어느새 아이들은 철없는 아빠보다 더 성숙해졌다.
고루한 사고에 빠진 아빠보다 더 현명해졌다.
편협한 말투에 익숙한 아빠에게 논리적으로 설명할 줄도 알았다.
하지만 나는 훌쩍 커버린 아이들을
품어낼 준비가 되어 있지 않았다.
독선과 아집으로 가득한 내 말투는 여전히 아이들을 괴롭혔다.

언젠가 첫째 아이와 말다툼을 하게 되었다.
별거 아닌 주제였고 왜 다퉜는지 기억도 안 난다.
짜증이 났다.
아들의 말에 논리적으로 대응하는 게 힘들었다.
듣다 보니, 일리가 있는 부분도 있었다.

논리적으로 아들을 설득하고 싶은데
맘대로 되지 않으니 자존심이 상했다.
기분이 나빠져 소리를 '빽!' 질렀다.
"네가 뭘 안다고? 아빠가 아니라고 하면 아닌 줄 알아야지!"
눈이 커진 채 어처구니없어하는 아들의 모습에 '아차!' 했다.
말문이 막힐 만큼 내 말투는 일방적이고 폭력적이었다.
내 의견의 근거를 설명하지 않은 채 복종하기만을 강요했다.
이 글을 쓰는 순간에도 쓴웃음이 나온다.
언제 내가 아들과 제대로 된 논쟁 한번 해본 적이 있었나?
아들의 반박에 "네 말이 옳다"라고 인정해본 적이 있던가?
없었다.

내 마음대로 판단하고, 비난하며, 협박했다.
아이들은 아빠의 말투에 침묵으로 대응했다.
나는 아이들의 침묵을 해결의 징표로 착각했다.
그 과정에서 아이들은 잠재의식에
'불합리한 복종'을 새겼을 것이다.
도대체 나는 사랑하는 내 아이들에게 무슨 짓을 한 걸까.
안 되는 일을 알려주어야 할 때도 분명히 있다.

하지만 그런 때라도 말투를 신경 써야 했다.
아이가 이해할 수 있을 때까지 안 되는 이유를 설명해야 했다.
"속상하겠지만 그건 하면 안 되는 일이야. 그 이유는…."
"혹시 그것 말고 다른 걸 해보는 건 어때?"

최소한의 여유도 내 말투 속에선 찾아볼 수 없었다.
그렇게 아이들에게 아빠는 이방인이 되었다.
소통할 줄 모르고, 내 말만을 강요했다.
왜 그랬던 걸까.
아이는 어딘가 부족하고 모자란 존재라는
선입견을 가졌기 때문일 테다.
그러니 아이들의 말과 행동이 마음에 들지 않으면
'파르르' 떨면서 소리만 쳤겠지.

아이들이 내 사랑을 느끼게 하려면
말투와 행동에 관심을 한 스푼 더해야 했다.
아이들을 세심히 관찰하며 부탁하고 요청해야 했다.
하지만 나는 몰랐다.
아니, 고백하자면 아이들과 함께할 시간이

영원할 거라고 착각하면서 알고도 모르는 사람처럼
행동했다.
이제 고통스러운 기억을 고스란히 간직하고 있을
나의 세 아이에게 잘못했다고 진심으로 말하고 싶다.
그 고통을 간직한 채 어른이 되지 않기를 바라면서.

나는 이제 아이들은 부족하고 모자란 게 아니라
그 자체로 빛나는 존재라는 것을 안다.
그래서 이제는 아이를 바라보면서 말할 수 있다.

"아빠는 네가 너라서 좋아."

아빠의 금칙어

×××××

아니라고 하면 아닌 줄 알아야지!

**아이가 나와 다른 의견을 제시할 땐 일단 들어주세요.
어른의 기준에서 판단하기보다는 아이의 눈높이에서 공감해주세요.
부모에게 존중받는 경험이 아이를 단단한 사람으로 만듭니다.**

쿨함과 권위 사이에서 균형을 맞추는 법

친구들과 아버지에 관한 이야기를 나눌 때면
“아버지는 늘 말이 없으셨어”라고 말하는 경우가 많다.
나 역시 아버지와 살갑게 대화를 나눈 기억이 거의 없다.
세상 그 누구보다도 나를 사랑해주셨지만
아무래도 무뚝뚝한 아버지 이미지에서
크게 벗어나지 못했던 분이셨다.

불만이 없던 것은 아니었지만,
아버지는 자신의 말이 얼마나 큰 힘을 지니는지 알고 계셨기에
말을 못 하는 것이 아니라 안 하셨던 거라고 이해했다.

과거의 아버지들은 일터에서 늘 늦게 오셨다.
자녀들과 만날 시간이 부족하니 대화 역시 부족했고
잘 모르는 아이들을 두고 실수할까 봐 말을 삼가셨을 테다.

그런데 문제가 생겼다.
보고 들은 것이 어쩔 수 없이 한 사람의 특성을 결정하게 되는데,
나는 아빠가 되고 난 후
아빠라면 자고로 말이 없어야 한다고 착각해버렸다.
아이들과의 대화도 필요 없다고 생각했다.
말이 짧아졌고, 짧은 만큼 거칠었으며
그 말들은 결국 아이들의 마음에 흠집을 내기 시작했다.

아이들은 입을 닫았고 그 반응에 놀란 나는
아예 '무언의 파수꾼'을 자청하며 더 과묵해졌다.
말수가 적어지니 대화의 양 자체도 줄어들었다.
대화가 줄어드니 서로를 아는 것도 어렵게 되었다.
많이 접하고, 많이 말하면서 서로를 알아가지 못하니
가끔 주고받는 대화의 질도 떨어질 수밖에 없었다.
대화의 양이 줄어드니 할 말만 해야 하는 아빠 말투는

사무적이면서도 일방적으로 변했다.

"못 알아들어? 응?"

"다 너 잘되라고 그러는 거야!"

"아빠니까 이렇게 말해주는 거야."

"그래도 나니까 이렇게 객관적으로 말해주잖아!"

아이들을 위한 말이라고 생각했지만 아니었다.

아빠의 욕망만 담긴 지극히 이기적인 말이었다.

말 한마디에 내 아이가 확 달라질 것이라는 착각에 빠졌었다.

아이들은 선하다.

아직은 세상의 거칠고 냉정한 말투에 대응하기 힘들다.

성인이라도 상대방의 배려 없는 말을 들으면 마음이 상하는데,

우리 아이들은 아빠의 말을 들으며 오죽했을까?

그걸 몰랐다.

고백하자면 내가 아이들에게 했던 말 대부분은

아이들이 잘되라고 한 게 아니었다.

내가 잘나 보이고 싶어서,

내 마음대로 말하고 싶어서 그렇게 말했다.

아빠라는 위치를 권력이라고 여겼을 뿐
아이의 마음에는 관심이 없었다.
누군가의 명령은 받기 싫어하면서
정작 나는 아이들을 마음대로 휘두르려 한 것이다.
'아빠'라는 권위를 내세우면서.

아이가 마음속으로 외치는
'가만히 좀 있으세요'라는 말을 알아차려야 했다.
육아는 아이를 기르는 동시에 아빠 자신을 기르는 일이다.
그런데 정작 나 자신을 기르는 방법에는 문외한이면서
아이의 미래를 결정하는 심판자처럼 행동하며,
상처 주는 말과 행동을 서슴없이 했다.
부끄럽다.

세상은 나를 '커뮤니케이션 전문가'라고 부른다.
강연장에서, 유튜브에서, 책에서 나는 외쳤다.
"소통은 바로 이겁니다!"
부끄럽게도 사회의 기본단위인 집에서 나는 '불통 유발자'였다.
아이들 그리고 아내와의 대화 단절은 나로부터 시작됐다.

소통은 이겁니다!
밖에서는 소통왕
4K
소통
집에서는 불통왕
소통
불가

아빠의 말을 받아들일지 말지에 대한
선택권은 아이에게 있음에도 철저하게 외면했다.
규칙을 강요하고, 내 의견만 얘기했다.
이것만이 아빠와 자녀 사이에 성립할 수 있는
대화의 기준이라고 여겼다.

정반대의 접근이 무조건 옳다는 건 또 아니다.
친구 같은 아빠가 필요하다면서 너무 오냐오냐하는 것도 문제다.
당장은 아이가 만족할 수는 있지만,
무작정 아이의 모든 요구를 수용하고
자유를 넘어 방종에 가까운 선택의 권한을 아이에게 넘겨준 순간
오히려 자신의 선택에 불안해하는 아이가 될 수도 있으니까.
자율권 존중 이상으로 보호의 의무 역시 중요하다.
어렵다.
아이와 아빠, 그 관계의 균형을 맞추기가 참 어렵다.
쿨함과 권위 사이의 균형을 어떻게 풀어가야 할지 말이다.

하지만 그렇다고 해서 포기할 수는 없다.
내 아이들이기 때문이다.

작은 것부터 고치고 싶다.

당연히 아빠의 말투에서부터 시작할 테다.

말끝마다 나오는 "아빠니까", "너 잘되라고"부터 없앨 것이다.

이제 이렇게 말하겠다.

"도움이 되지 않을까 싶어 이렇게 생각해봤어. "

"조금 걱정이 되지만, 잘 해내리라 믿는다."

"잘 모르지만 네가 다치지 않을까 해서 말해주고 싶었어."

조급해하지 않으며, 강요하지 않으며,

아이의 선택을 기다릴 줄 아는 아빠가 되고 싶다.

그렇게 쿨함과 권위의 균형을 천천히 맞춰가고자 한다.

아빠의 금칙어

×××××

아빠니까 이렇게 말해주는 거야.

가르치려는 말보다는 아이를 믿어주는 말을 해보세요.
생각보다 아이는 스스로 잘 해낼 수 있답니다.

자녀의 말투는 아빠의 말투를 닮는다

"지금 어디니? 지하 1층으로 내려가서 학원 버스 타야 해."

"ㅇㅇ"

"5분 이내로 내려가야 해. 알았어?"

"ㅇㅇ"

'이쯤 되면 막 하자는 건가?'

고단한 몸을 이끌고 학원에 가는 아이이긴 하지만

버르장머리는 고쳐줘야 한다고 생각했기에 통화 버튼을 눌렀다.

"왜 이렇게 답이 짧아! 버릇없이!"

아무 말도 하지 않는다.

"아빠가 말하면 대답을 해야 할 거 아니야!"

허탈하게 내뱉는, 아이의 "네"라는 대답을 듣기는 했다.

이성적으로는 안다.
이렇게 말해야 했음을 말이다.
"다음부터는 조금 더 길게 대답해줬으면 좋겠어."
그런데 인생은 실전 아닌가.
실전에서 이런 말투로 하는 거, 어렵다.
그나저나 아이는 언제부터 이렇게 대답을 짧게 한 것일까.

그 이유를 알았다.
나와 아이 간의 문제만이 아니었음을 알게 된 것이다.
언젠가 이런 일이 있었다. 아내에게서 문자를 받았다.
"당신 몸이 좋지 않은 것 같아서 소갈비 좀 구워놨어요.
늦더라도 집에 들어와서 저녁 먹어요."
나는 이렇게 답했다.
"ㅇㅇ"
나를 위해서 저녁 식사 준비를 하고
길게 문자 메시지를 보낸 아내의 마음이 어땠을까.
참고로 아내는 이제 나의 '용건만 간단히' 말투에 백기를 들었다.

그때 나는 왜 인생이란
자업자득이라는 사실을 깨닫지 못했을까?
아빠와 엄마의 소통법을 유심히 보던 아이는
그 말투 그대로 배워 아빠와의 대화에 사용하기 시작했다.
그러니 내가 누구를 탓하랴.

심리학자 쿠르트 레빈(Kurt Lewin)은
어떤 사람의 행동은 그와 그를 둘러싼 환경이
상호작용한 산물이라고 했다.
한 사람의 행동을 결정하는 데 환경이 그만큼 중요하다는 것이다.
이때 환경에는 '가족'이라는 사회적 실체가 포함된다.
즉, 아이의 행동은 아이 혼자만의 것이 아니라
아빠와 엄마라는 환경이 함께하는 것이다.

부모의 말투는 아이에게 고스란히 영향을 준다.
나는 아이의 지극히 짧은 문자 메시지를 탓하기에 앞서
아빠와 엄마가 제대로 소통하고 있는지부터 점검했어야 마땅했다.
아이들의 말투나 행동이 마음에 들지 않는다면
무조건, 부모는 자기 자신부터 되돌아봐야 한다.

'내 아이는 과연 나의 무엇을 보고 배운 걸까?'

반성과 성찰이 없다면 관계 개선은 불가하다.

어미 새는 새끼 새에게 "이렇게 날아라"라고 하지 않는다.

그저 어미 새가 여기서 저기로 휙 날아가고,

그걸 본 새끼는 따라서 할 뿐이다.

인간도 마찬가지로 뿌린 대로 거둔다.

아빠부터 잘해야 한다.

무엇부터 시작해야 할까?

일단 아내에게 문자 메시지 보내는 일부터 잘하자.

아빠의 금칙어

×××××

아빠 문자에 왜 이리 답이 짧아?

아이에게 말하기 전에 모범이 되는 행동을 먼저 보여주세요.
말과 행동이 다른 아빠를 보면 아이가 혼란스러울 거예요.

싫다는데 열 번 찍으면 그건 범죄다

아들 둘에 딸 하나다.

그런데 딸이 막내라면?

예쁠 수밖에 없다.

솔직히 미친 듯이 예쁘다.

결혼하기 전에 딸바보 아빠라는 말을 들었을 때는

'도대체 뭔 소리야?'라고 생각했었다.

하지만 아들 둘을 낳은 후에 얻은 딸은,

성장하는 속도만큼이나 아빠의 마음을 사로잡았다.

아빠를 웃게 만드는 손짓 발짓만으로도 존재 가치를 다한다.

딸아이 웃음만 봐도, 속된 말로 나는 좋아 죽었다.

그런데 어느 날부터
갑자기 딸이 아빠의 스킨십을 거부했다.
안아주고 업어주며 키웠는데,
어느 순간부터 딸은 신경질적으로 아빠를 거부했다.

이제 중학교 1학년이 된 딸은
자기 몸에 아빠의 손이 스치기만 해도
"이거 성폭력이야!"를 외친다.
학교에서 성교육을 제대로 받았나 보다 싶다가도
아빠로서 조금은 아쉽다.
내 눈에는 금쪽같은 내 새끼인데 뽀뽀는 언감생심이고,
손도 잡지 못하는 상황이라니.
아빠는 도대체 어디에서 사랑을 느낀단 말인가.

요즘 깨어 있는 젊은 부부들은 자신의 아이에게 뽀뽀할 때도
"아빠가 뽀뽀해도 될까?"라고 말한다고 한다.
아이들에게 선택권이 있다는 것은 나도 인정한다.
뽀뽀하기 싫다는 딸을 붙잡고 억지로
뽀뽀하면 그건 진짜 문제다.

부모와의 관계에서 아이들은 자기 결정권을 배우기에
아쉽긴 하지만 그 사실을 받아들이려 한다.

세상이 많이 바뀌었다.
사실 딸아이는 6~7년 전에 유치원 다닐 때부터
아빠가 귀엽다고 껴안으려고 하면 "안 돼요! 싫어요!"를 외쳤다.
유치원에서 배웠단다.
한마디로 거절하는 법을 배운 것이다.
제대로 된 교육이라고 생각한다.

그런데 막상 동의를 얻지 못하면 볼에 뽀뽀는 물론이고,
손도 잡지 못하니 답답하다.
아이의 동의를 얻어내는 건
임원 회의에 올라갈 보고서를 쓰는 일보다 힘들다.
하지만 그저 서운하다는 것뿐이다.
훌쩍 성장해버린 내 딸의 선택권을 존중하는 건
아쉽지만 어쩔 수 없이 그래야만 하는 일이다.
노력하는 게 나의 최선일 것이다.

사실 그렇다.

나중에 딸에게 남자친구가 생겼는데

그가 딸의 동의도 없이 스킨십을 시도할 때

"내가 동의하지 않으면 하지 마!"라고 얘기하는 딸이길 바란다.

"사귀는 사이에 뭐 어때서"라고 말하는 남자에겐,

경찰에 신고하거나 아빠인 나에게 도와달라고 하는

(그 순간 '그 남자' 아니 '그 인간'은 내 손에 죽는다!)

딸이길 바란다.

열 번 찍어 안 넘어가는 나무가 없다는 구닥다리 신념으로

들이대는 게 전부라고 알고 있는 왜곡된 연애관으로

자기가 상남자인 줄 알면서(실제로는 상놈이다!)

덤비는 놈에게 다음과 같이 쏘아붙이면서

이별을 선언하는 딸이길 바란다.

"싫다는데 열 번 들이대면 그건 범죄야."

그런데 그러려면 지금 당장 아빠부터 딸에게

적정한 거리를 둬야 한다.

안타깝지만 할 수 없다. 그냥 두고 봐야지.

(하긴 자꾸 쳐다보지도 말라고 하더라.)

어쨌든 이것부터 해보겠다.

이제 열네 살이 된 딸에게 함부로 뽀뽀하려고 하지 않기.

아빠의 금칙어

×××××

예뻐서 뽀뽀하는 거잖아.

스킨십을 할 수 있는 사이는 아이 자신만이 결정할 수 있어요. 아무리 가까운 부모 자식 사이라도 아이가 설정하는 경계를 존중해야 성인이 되어서도 타인에게 자기주장을 할 수 있어요.

'미안하다'는 따뜻한 말 한마디

배우 이병헌이 출연한 영화 중 최고라 생각하는 작품,

<달콤한 인생>에서 모든 문제의 시작은

자기 잘못을 인정하지 않는 것이었다.

이병헌은 폭력 조직의 중간 보스로 나온다.

이권 다툼 과정에서 다른 조직과 마찰이 생겼다.

이 문제를 해결하기 위해 상대편에서 부하 한 사람을 보낸다.

주차장에서 마주하게 된 두 사람,

상대편 부하는 이병헌 앞에 다가와서 다음과 같이 말한다.

"백 대표(상대편 우두머리)의 말을 전하러 왔다.

단 한마디만 하면 된다. '미안하다.'"

이를 물끄러미 보던 이병헌은 우습다는 듯 이렇게 대꾸한다.

"그냥가라."

말을 전하러 온 사람은 아무 말 없이 그냥 조용히 물러난다.

그리고 이병헌은 영화 속에서 최악의 위기에 닥친다.

이유는 단 하나, '미안하다.',

이 네 글자를 말하지 못해서.

눈을 돌려 아이들과의 관계 속에서

아빠로서의 나를 생각한다.

아이들에게 나는 지금까지 잘못한 적이 한 번도 없었을까.

있었다.

그것도 상당히 자주, 그리고 많이.

그때 나는 아이들에게 사과라는 걸 해본 적이 있던가.

아이의 눈을 바라보면서, 그리고 진심을 다해,

"미안하다"라는 말을 했었던가.

그런 적 없다.

잘못했을 때 그 잘못을 내 입으로 말하지 못했었다.

아빠는 아이에게 잘못할 수가 없는 존재라는

무책임한 신념이 가득했던 것 같다.
그러니 미안할 게 없었고.

사과하지 못하는 아빠를 보면서
아이들은 무슨 생각을 했을까.
잘못한 게 있어도 사과하지 않으면
잘못이 아니라고 생각하게 된 건 아닐까?
잘못을 인정하지 않는 아빠의 고집스러움이 혹시
사랑하는 나의 아이들에게 전염된 건 아닐까.
아빠가 "미안하다" 이 말 한마디를 할 줄 몰라서.

후회한다.
사과할 줄 모르는 아빠의 태도가
아이들에게 어떤 영향을 줬을지,
그 잘못의 결과가 아이에게 잘못된 생각을 주입한 건 아닌지,
혹시 인생의 중요한 시기에 사과 한마디를 못 해서,
나쁜 결과에 직면하게 되는 건 아닌지,
마음 졸이고 있다.

솔직히 말해 여전히 나에겐 사과란 어렵다.
나의 가치를 지키는 마지막 보루는
자존심이라 생각하면서 변명하든지
아니면 상대방을 깎아내리는 것으로 대신하곤 했다.
미안하다고 말하는 것을
인생의 패배처럼 여기며 자존심을 세웠다.

왜 그랬던 걸까.
조직 생활에 익숙해져서 그런 건 아닐까.
회사 같은 조직에서는 무슨 일이 잘못되기라도 하면
하급자는 자신에게 잘못이 있는지를 확인하고
상급자는 혼낼 사람을 찾는데
거기에 익숙해지다 보니 나는 집에서조차
아이들의 상급자라는 생각으로 가득해서는
혼낼 사람을 찾아내려고 애쓰지 않았나 싶다.
내 잘못은 인정하지 않은 채.

과거에 한 종교단체에서
'내 탓이오'라는 캠페인을 했었다.

자신의 차 뒤쪽에 '내 탓이오'를 붙여놓은 걸 보게 되면
마음이 편했던 기억이 난다.
좋은 사람일 것만 같았다.
실수를 인정하는 힘, 즉 사과에는 그만큼 힘이 있다.
그런데 나는 그 힘을 써먹질 못했다.

아이들은 어른인 나와는 다른 규칙으로 하루를 지낸다.
그들의 영역에 들어갈 때는,
그들의 생각을 침범했을 때는,
아이들의 규칙에 어긋난다는 걸 깨닫고
'미안하다'라고 말해야 한다.
그렇게 내 말투와 행동에 책임지겠다는 용기를 내야 했다.
그걸 나는 해내지 못했다.

사과한다는 건 자신이 한 일에 책임지겠다는 용기다.
용기가 있다는 건 일상의 문제에 대처하며 나아가는 것이고
용기가 없다는 건 문제를 외면하는 것이라는 말처럼
나는 이제 말해야 한다.

"잘못했다. 사과한다. 미안하다."

아빠의 금칙어

×××××

아빠가 도대체 뭘 잘못했는데?

어른도 종종 실수를 합니다. 중요한 건 자신의 행동에 책임지는 것이지요. 아빠가 잘못했을 때 얼른 사과한다면, 아이는 잘못했을 때 사과할 줄 아는 멋진 어른으로 자랄 거예요.

사랑할 수 있을 때 사랑할 것

이제는 가끔, 아주 가끔, 아이들에게서 전화가 온다.
아니 문자 메시지가 온다. 어릴 땐 안 그랬다.
수시로 전화해서 아빠를 찾았고,
"아빠 어디?"라는 문자 메시지를 보냈다.
그랬었는데 이제는 "아빠 뭐 해요?"라는
메시지 하나 받기가 참 힘들어졌다.
원래 그랬던 아이들이 아니었는데
어찌 이렇게 무덤덤해졌을까.

생각을 해봤다. 금방 알아챘다.
온전히 아빠의 책임이었다.

모든 게 내 탓이었다.

나는 아이들에게 속마음을 잘 표현할 줄 모른다.

사랑하지만, 좋아하지만 아니 사랑할수록, 좋아할수록

더더욱 그걸 표현하는 게 어색하다.

사랑한다고, 좋아한다고 말하는 아이들에게

제대로 반응도 못 해줬다.

기쁨과 사랑을 줄 줄도, 받을 줄도 모르는 사람.

그렇게 관계를 서먹하게 만드는 사람.

그런 사람이 나였다.

하지만 내가 그런 사람이라고 해서

아이들과의 관계를 무너뜨린 것에 대해

면죄부를 받을 수는 없다.

모르면 배워야 했고 배우면 실천해야 했다.

그렇지만 나는 몰랐고, 배우지 않았고, 실천하지도 않았다.

무관심했고 게을렀으며 건방졌다.

그렇게 결정적 시기를 놓쳤다.

생각해보면 아이들이 어렸을 때,

그러니까 대략 열 살 무렵까지는
직장에 있는 나에게 연락을 자주 했다.
그때 나는 큰 실수를 했다.
사랑하는 아이들의 연락을 소홀히 여긴 것이다.
그랬다. 아이들이 평생 연락을 잘할 줄 알았다.

한창 아이들이 야구장에 가서
경기 보는 걸 좋아할 때의 얘기다.
갓 초등학교에 들어간 딸이 어느 날 전화를 했다.
"아빠, 이번 주말에 야구장 갈 수 있어요?"
마침 숨이 턱까지 차오를 정도의 분주함 속에 있던 나,
대수롭지 않게, 하지만 차갑고 냉정하게 답했다.
"아빠, 회사에 있어. 바쁘니까 끊어라. 집에서 얘기하자."
그리고 정작 집에 가서는 피곤하다는 핑계로 대화를 회피했다.

나는 왜 그렇게 아이들을 대했을까.
이뿐만이 아니다.
막내가 화면 가득 '하트(♥)'를 수도 없이 찍고서는
"아빠, 집에 언제 와요?"라고 보낸 문자 메시지에도

아빠 회산데...
바쁘니까 끊어라.
칫, 학교에
숙제에 학원에,
우리가 더 바빠!

나는 이렇게 답했다.

"오늘 늦는다."

정말 왜 그랬던 걸까?

아이들의 전화 한 통, 문자 메시지 한 줄을,

그저 아이들이 심심해서 아빠에게 하는 '짓'이라 여기고

그런 건 얼마든지 나중에 시간이 될 때

받아줄 수 있다고 생각했다.

그런데 강연을 하다가

아빠가 어릴 적에는 무관심하더니

말 좀 통하고 다 큰 지금에서야

친한 관계이고 싶어 한다며

난감해하는 자녀들의 사연을 들었다.

이제와 친해지는 게 쉽지 않다는 것이다.

내 아이들도 나중에 이런 고민을 하는 건 아닌지

이제와 겁이 난다.

아이와의 관계를 사랑으로 도배해도 모자랄

결정적 순간에 관계의 희망조차 없애버리는

결정적 착각을 했고, 또 결정적 실수를 범했다.

아이들을 대할 때 아빠의 말투는 달라야 한다.
사랑하는 아이의 말에는 의무적으로라도
기분 좋게 응해야 한다.
아이의 말에 대한 대답은
무조건 사랑과 배려를 가득 담아야 한다.
자상한 아빠로 아이의 추억에 남을
절호의 기회를 놓쳐선 곤란하기 때문이다.

발달심리학자인 '다이애나 바움린드(Diana Baumrind)'의 이야기다.
그는 부모의 양육 방식을 네 가지로 구분했다.
권위적, 독재적, 관용적, 방임적이 그것인데
최악의 방법은 독재적 양육 방식이라고 한다.

그런데 내가 그랬다. 독재자였다.
요구 사항은 터무니없이 많으면서
아이들의 행동에 대한 반응은 형편없었다.
복종을 미덕으로 여기면서
아이의 표현을 무시했던 것이다.

그 결과는?

지금은 아이들로부터 카톡 하나 없는 스마트폰만 바라본다.

진동음이 울리면 아이들의 연락일지도 모른다는 기대를 갖지만

수신된 건 쓸데없는 스팸 광고뿐이다.

모든 것에는 때가 있다.

나는 그걸 몰랐다.

슬프다.

아빠의 금칙어

×××××

아빠 회산데, 바쁘니까 끊어라.

아무리 아이를 사랑하는 마음이 커도 표현하지 않으면, 아이는 알 수 없어요. 짧은 시간, 작은 표현으로도 아이에게 사랑을 표현할 수 있답니다.

하얀 거짓말은 없다

일요일 오후, 평화로우면 좋았을 집 분위기가 영 무겁다.
첫째 아들이 엄마 앞에서 안절부절못하고 있다.
무슨 일이지?

엄마 : 왜 늦었어?

아들 : 진규가 같이 축구 하자고 해서 놀다 왔어요.

엄마 : 빨리 집에 와서 수학 숙제를 했어야지.

아들 : 그렇게 말했는데. 놀자고 해서.

다음 주에 아이의 수학 시험이 있어서 걱정이었던 엄마.
하지만 아이는 친구가 축구 하자고 해서 늦게까지 놀다 왔으니….
이를 옆에서 지켜보던 나, 대단한 솔루션을 찾은 것처럼

엄마를 향해 도와주겠다는 눈길을 한번 주고는
아들에게 말했다.
"그럴 땐 아빠가 불렀다고 해야지!"
아이는 '그런가?' 하며 고개를 갸우뚱했고,
아내는 '역시 남편!'이라는 흐뭇한(?) 표정을 지었다.
첫째 아들이 초등학교 5학년 때쯤의 일일 것이다.
지금 돌이켜보면 아빠인 내가 잘못했다는 후회뿐이다.

'긍정 오류(false positive)'라는 말이 있다.
어떤 것이 사실상 거짓일 때도 참이라고 믿는 것이다.
위와 같은 상황이
한 번, 두 번, 그리고 여러 번 반복된다면
아이의 머릿속은 긍정 오류로 가득한
혼란스러운 상태가 되지 않을까.

아이를 거짓말쟁이로 만들 것인가.
그렇게 하고 싶지 않을 것이다.
하지만 아이는 보고 들은 것을
자신의 가치관으로 체화시킨다.

부모가 은연중에 거짓말을 강요하고선
아이가 정직하기를 바란다면 그건 잘못이다.
위와 같은 사례에서 대부분 부모는
비슷한 생각을 할 것이다.
'그깟 거짓말이 뭐 어때서?'
과연 그럴까. 불법을 눈감으면 결국 야만이 되는 법이다.

사례를 다음과 같이 바꾸어보자.

친구 : 왜 늦었어?

아들 : 엄마가 수학 숙제부터 하고 가라고 해서 늦었어.

친구 : 빨리 와야지. 너 기다렸잖아.

아들 : 네가 기다린다고 했더니 숙제를 마저 하고 가라고 하셨어.

친구 : 그럴 땐 나랑 시험공부 한다고 했어야지.

아이는 거짓말을 부모에게서 배운다.
아이의 거짓말에 실망하여 분노가 치밀어 올라서
"어떻게 아빠한테 거짓말을 할 수 있어!"라며 화내기 전에,
생각해보자.

아이에게 적극적으로 거짓말을 가르쳐준 건 아닐까?

"아니야, 뜨겁지 않아. 조금만 참아."
"쓰지 않아. 꿀꺽 먹어봐."
"힘들지 않아. 그건 아무것도 아니야."
물론 부모들에게도 변명거리는 있다.
이건 아이의 거짓말과 다른 하얀 거짓말이라고.
말도 안 된다.

세상에 하얀 거짓말은 없다.
그냥 거짓말일 뿐이다.
자녀를 키우는 것은 자녀에게 삶의 기술을 가르치는 것이다.
무엇을 가르칠 것인가.
거짓말인가, 진실인가.
거짓말하는 부모를 보면서 자란 아이는
거짓말을 두려워하지 않을 것이다.

아이들은 세상과 신뢰를 쌓아나가는 법을 가정에서 배우게 된다.
부모의 일관성 없는 말투와 태도는 불신의 싹을 틔운다.

그런데 나는 바로 그때 거짓말부터 가르쳤다.

그에 대한 벌로 아이들이 미래에 겪을 고통이 두렵다.

자녀에게만큼은 거짓말 하나라도 절대, 쉽게 해서는 안 된다.

아빠의 금칙어

×××××

그럴 땐 아빠가 불렀다고 해야지!

순간을 모면하는 방법을 가르치기보다는 상황에 현명하게 대처하는 법을 알려주세요. 살면서 맞딱뜨리는 여러 문제를 의연하게 풀어나가는 어른으로 자랄 수 있도록 말이죠.

2장

아이를 주눅 들게 하는 말 습관

아이와 함께하는 길고 긴 시간 속에서,
아빠의 기대감이 무너지는 때도 분명히 있을 것이다.
그렇다고 하더라도 섣불리 포기라는 말을 꺼내지는 말자.
아이들은 믿고 기다려주면 반드시 제자리로 돌아올 줄 아니까.

아빠의 지성을 앞세우기 전에 아이의 감성을 관찰할 것

한두 해 전의 이야기다.

간만에 마음이 편한 퇴근길이었다.

발걸음이 가벼울 땐 집으로 바로 가지 않고 편의점에 간다.

과자와 아이스크림을 사서 아이들에게 건넬 때

환하게 밝아지는 모습을 보고 싶어서.

그날은 좀 더 특별한 무언가를 사주고 싶었다.

닳고 닳은 운동화를 신은 둘째의 모습이 눈에 걸렸던 터라

신발 매장에 들러 30여 분을 고르고 골랐다.

다리가 아프기 시작할 무렵 결국 결정했다.

내가 생각하기에 흠잡을 데 없이 멋진

운동화 한 켤레를 샀다.
큰 쇼핑백을 들고 현관에 들어섰을 때
마침 부스스한 얼굴의 둘째가 나를 맞아줬다.

"아빠, 다녀오셨어요?"
"그래! 그나저나, 짠!"
둘째의 가슴팍에 신발이 담긴
큰 쇼핑백을 안기며 미소를 지어줬다.
깜짝 선물에 둘째의 얼굴이 발그스레해졌다.
기쁨의 표정.

'그래, 이 맛에 아빠가 산다.'
그런데 아들의 얼굴이 급작스레 어두워졌다.
뭔가 주춤하더니 고개를 갸우뚱한다.
어쨌거나 운동화 '언박싱(unboxing)!'
그런데, 실망한 표정이다.
알고 봤더니 자신이 원하는 신발의 디자인이 아니었단다.
색깔도 이번에는 흰색을 신고 싶었는데 검은색이고.
거기에 운동화의 브랜드도 마음에 들지 않는다나?

짜증이 확 치밀어 올랐다.

"흰색 운동화? 너 신발 험하게 신잖아? 금방 때 탈 것 아니야.
그리고 OO브랜드? 이거나 그거나 다 베트남에서 만드는 거야.
오히려 아빠가 오늘 사다준 XX브랜드가 한국 사람의 발에
잘 맞는다고.
사 주면 '고맙다'고나 할 것이지!"

아들은 억지로 감사의 표정을 지으면서 고개를 꾸벅하고는
운동화를 포장했던 커다란 쇼핑백과 신발을 들고는
무거운 발걸음으로 자기 방으로 들어갔다.

어렵다. 아이들과 사랑하고 싶지만 그게 만만찮다.
세상에서 가장 불편한 것이 사랑이라는 건 안다.
사랑은 나를 움직이게 하는 원동력이다.
사랑하는 대상이 생겼을 때
내 시간을 사랑하는 사람을 위해 쓰고,
내 에너지를 사랑하는 사람을 위해 소모한다.

그런데 이렇게 사랑을 표현할 때 문제가 생긴다.
아이들의 취향과 선호를 생각하지 않고

아빠의 선택만 옳다고 착각하기 때문이다.
아이의 감성을 아빠의 지성보다 우선해야 한다.
사랑이란 상대방이 원하는 것을 알아차리고
그것을 주는 것이니까.
사실 내가 지닌 지식 혹은 지성은 '과거에 머문 지식'이다.
구닥다리의 경험일 수밖에 없다. 아들은 다르다.
지금 또는 앞으로 지녀야 할 지성과 감성을 함께 갖고 있다.
아빠라면 아이들 저마다의 다름과 감성을 이해해줘야 한다.
아빠의 지성을 정답이라고 여기면서 강요하는 말투는 잘못되었다.

요즘 아이들, 아니 내 아이들을 보면서
가끔은 너무나 멋지고 훌륭하며 괜찮다는 생각에 경탄한다.
자기 나름의 개성으로 멋지게 하고 다니고 논리도 정확하다.
그런 아이들을 엉망으로 만들고 있는 건 혹시 내가 아니었던가.
개성은 없애고, 멋져지는 건 경계하면서,
그렇게 아이들의 아름다움을 막아서고 있던 것 아닐까.

아들의 선택과 판단을 대신할 수 있는 아빠의 시간은 이미 지났다.
이제 아이들 대신 선택하는 게 아니라,

아이들이 선택할 수 있도록 도움을 줘야 한다는 걸 안다.
아이의 선택과 판단에 미소 지을 수 있어야 한다.
겸손해져야겠다.

“아빠인 내가 아들인 너의 취향 하나도 제대로 모를 것 같아?”
아이를 향한 나의 모든 행동과 말이
옳다고 생각했던 오만을 반성하고,
아이의 사적인 영역, 개인적인 취향을 존중해야겠다.
내 생각만을 강요하면서 아이의 존엄을 무너뜨리는
무지의 반복을 경계할 것이다.

언젠가부터 나는 퇴근길에 깜짝 선물을 준비할 때
아이스크림 전문점에 들르더라도,
티셔츠 가게에 방문하더라도
아이들에게 먼저 전화한다.
“아빠가 너를 위해 라운드 티를 하나 살까 하는데
○○브랜드의 ××색깔이야. 어때?
사진 찍어서 보내줄까?
사이즈는 교환이 가능하다고 하니까

안 맞으면 네가 바꾸러 오면 되고.
네 생각은 어때?"

인간의 놀라운 특질 중 하나는
타인과의 교감 능력이라고 하는데,
바로 그 교감의 시작점은 타인의 선호를 인정하는 것이라고 한다.
그러니 아빠의 경험을 믿기 전에 자녀의 생각을 묻는
기본적인 노력은 아빠가 갖춰야 할 덕목 중의 하나다.
그때는 내가 옳았을지 몰라도
지금은 아이들이 옳다.

아빠의 금칙어

×××××
아빠 말이 맞으니까 잘 들어!

항상 부모가 옳다는 생각은 아이와의 벽을 만듭니다.
특히나 아이의 취향은 먼저 존중해줘야 합니다.
아이와 더 친해지는 계기가 될 수도 있을 거예요.

자녀는 포기의 대상이 아니다

세 아이의 엄마인 아내가
아이들 담임 선생님을 만나는 날이 되면
세 아이의 아빠이자 한 여자의 남편인 나는 온종일 불안하다.
언젠가부터 아내가 학교에서 담임 선생님과 상담하는 날이
속된 말로 '애를 잡는 날'이었기 때문이었다.
평소에는 유쾌하고 온화하던 아내다.
하지만 담임 선생님을 만나고 나면 사람이 달라졌다.
달라진 아내의 말을 들으며 나 역시 냉혹한 심판자로 변신했다.

담임 선생님의 입에서 나왔다는 말 중에
아이를 향해 아쉬움을 표현한 것들은 모조리 고치고 싶었다.

선생님이 말씀하신 문제만큼은 '진짜 문제'라고 여겼던 것이다.
선생님, 그것도 담임 선생님이란 존재는
부모에게는 특별하다.
집에서는 모르는, 내 아이의 다른 모습을 제대로 알고 있는
객관적 평가자인 것이다.

그런 사람이 지적, 아니 아쉬움이라도 내비쳤다면
그것이야말로 내 아이의 '진짜 문제'인 것이다.
다른 건 몰라도 그것만큼은 교정하고 싶은 게
아빠로서의 내 마음이었다.
강박적일 정도로.

사실 담임 선생님은 아이에 대해 몇 마디 하지 않았을 것이다.
좋은 말들을 훨씬 많이 했을 것이 분명하다.
하지만 아내와 나는 아이를 향한 선생님의 조언을
인생을 살아감에 있어 '치명적 약점'으로 여기고
반드시 고쳐야 할 것으로 간주했다.
하지만 아이를 교정하는 그 과정이 문제였다.
지금 생각하면 잔인하기 이를 데 없었다.

냉혹한 말투를 아이에게 쏟아부었다.
서먹서먹해진 관계만 남게 되었다.
그래서일까.
아내가 담임 선생님을 만나는 날에는
퇴근하고 집에 들어가기가 꺼려질 정도였다.
아니 그런 날에는 아예 집에 늦게 들어가기까지 했다.
나까지 나서서 아이를 압박하고 싶지 않았기 때문이다.

그러던 어느 날이었다.
아들 중 하나의 담임 선생님과 상담하고 돌아온
아내의 표정이 나빴다.
아들이 방과 후에 피시방에 다니는 것 같다는 말을 들었단다.
그것이 수업 시간에 집중하지 못하는 이유가 아닐까 말하셨단다.

담임선생님이 말씀하지 않아도 아빠로서 아이들만큼은
피시방을 출입하는 걸 허락하지 않았던 만큼(약속도 했었다)
화가 났다. 사실 참으려 했다.
처음엔 차분하게 대화하려고 했다.
하지만 쉽게 자신의 잘못을 인정하지 않는 아들의 모습에 결국 참지 못하고 폭발하고 말았다.
냉혹한 말이 쏟아졌다. '악감정'이 치솟아 올랐다.
"알았어. 포기할게. 이제 네 마음대로 해.
아빠는 네게 아무것도 기대하지 않을 테니까!"

아빠라는 자격을 포기하겠다고 선언했다.
아들의 굳어진 표정을 보면서
속으로 '아차!' 했다.
티슈 한 장의 무게보다도 못한, 그때의 내 인내심이 부끄럽다.
사실 나는 포기가 빠른 편이다.
내 나름대로는 이를 장점으로 여겼다.
포기가 빠른 만큼 도전도 쉽게 한다고 변명하면서.
하지만 포기의 대상이 사람이어서는 안 됐다.
사람은 오직 사랑의 대상일 뿐이다.
게다가 내 아이 아닌가.

국회의원은 자신의 지역구를 포기할 수 있다.
'사퇴'한다고 해서 비난은 받을 수 있을지언정
그것이 불가능한 일은 아니다.

하지만 아빠의 자격에는 '사퇴'란 있을 수 없다.
포기란 불가능하다.
물론 내가 말한 '포기'라는 단어는
절대 '진짜 포기'를 의미하는 것은 아니었다.
내 마음을 보다 격렬하게 전달하고 싶었을 뿐이었다.
하지만 아빠의 냉혹한 말투로
아이의 마음에 새겨질 고통은 몰랐다.
열 살 무렵의 아이들이 아빠의 말에 담긴 속마음을
가감 없이 이해하길 바라는 건 무리였다.

'포기'라는 단어가 아들의 마음 어딘가에 남아 있을 걸 생각하면
마음이 아프다. 설령 포기의 순간이라고 백 퍼센트 확신하더라도
아이에게만큼은 절대 그것을 표현해서는 안 되는 일이었다.
오직 믿음과 사랑으로 그 위기를 이겨내야 했다.

제대로 말할 줄 아는 아빠들은
자신의 자녀를 향해 '포기'의 말이 아닌
'격려'와 '지지'의 말을 아낌없이 보낸다고 한다.
"친구들하고 잘 지낸다며? 멋진데!"

"선생님이 칭찬 많이 하셔서 아빠도 기뻤어."
"의젓하고 배려심이 많다고 칭찬하시던데?"

세상이 변해도 절대 변하지 말아야 할 것은
그 어떤 순간에도 아빠는 자녀의 편이어야 한다는 것이다.
끝까지 자녀의 손을 놓지 않는 건 아빠로서, 부모로서 의무다.

물론 아이와 함께하는 길고 긴 시간 속에서,
아빠의 기대감이 무너지는 때도 분명히 있을 것이다.
그렇다고 하더라도 섣불리 포기라는 말을 꺼내지는 말자.
아이들은 믿고 기다려주면 반드시 제자리로 돌아올 줄 아니까.

아빠의 금칙어

×××××

난 이제 너에게 기대하지 않을 거야!

**아이가 실수를 했다면 다그치지 말고 격려와 지지의 말을 해주세요.
아이는 곧 실수를 바로잡을 수 있을 거예요.**

무기력한 순둥이로
키우고 싶은가?

내 성격은 외골수에 가깝다.

단 한 가지의 방법이나 해답만 있다고 생각하는 사람이다.

객관식에 익숙한 학창 시절을 보내서 그런지

정답이 없는 것을 견디지 못한다.

공부할 때야 장점이었을 것이다.

하지만 인간관계에서도 외골수여서는 안 된다.

세상 혼자 살겠다는 사람이라면 모르겠지만

관계를 맺으며 살아야 하는 사회인에게는 치명적 단점이다.

조심스럽게 자신을 타일러가며, 상대와 타협하는 것이 정상이다.

그런데 늘 부딪치고 함께해야 하는 아빠와 아이들 관계에서

문제가 생겼을 때 나의 외골수적 특징이
날것 그대로 드러난다.
논리만 따지고 타인의 감정을 우습게 여기는 것이
결정적인 문제다.
'지금, 그리고 여기'에서 감정에 충실한
아이의 생각에는 무관심하다.
권위 가득한 아빠의 생각만을 강요하면서
아이의 의견을 무시한다.
있는 그대로의 아이를 사랑하는 것이 아니라
아이 속에 비추어진 나만을 사랑한다.
욕망 가득한 나의 추한 실체다.

언젠가 둘째 아이를 불러서 혼을 낼 때의 얘기다.
아이의 말대답에 화가 치밀어 오르기 시작했다.
'잘못했다'라고 하면 될 텐데, 짜증이 났다.
"잘못했다고 말하면 되는 걸 꼬박꼬박 말대답이야!"

입을 닫고 뚱한 표정으로 서 있는 아들을 보니 더 화가 났다.
"아직도 모르겠어? 한번 더 말해줄까?"

나를 외면한 채 멍한 표정으로 고개를 숙이는 아이를 보면서
우습게도 나는 이제 끝났다는 안도감을 느꼈다.
내 마음대로 알아들었겠거니 생각했다.
지금 생각하니 너무나 부끄럽다.

채널A <요즘 육아 금쪽같은 내 새끼>에서는
아빠가 무서워 손톱, 발톱을 뜯는
아이의 사연이 나왔다.
아빠는 아이를 걱정하는 마음에
손톱, 발톱을 뜯지 말라는 훈육을 하는데
아이의 반항어린 눈빛 하나에 분노한다.
순응하지 않는 모습에 더 화가 난 것이다.
전문가는 아빠의 대화법이
지시적, 일방적, 지적적, 강압적, 독재적이라고 말하며
아무리 아이를 위하는 마음에 한 말이라도
이러면 아이는 무서울 수밖에 없다고 힘주어 말했다.

나또한 이랬던 건 아닐까.
이름만 거창한 '아빠'라는 지위를 이용해

위협적인 목소리로 윽박지르는 건 잘못된 행동이었다.
달래서 얘기를 나눠도 모자랄 판에
대화 환경조차 준비하지 않았다.
나에게 아빠 자격이 있었던 걸까.
아니었던 것 같다.

둘째는 이제 열여섯 살이 되었다.
아들은 이제 세상이 어떻게 돌아가는지를
자기 나름의 방식으로 설명할 줄 알고
또 그 방식대로 수행할 줄 안다.
아빠보다 더 성숙해진 아들의 모습에 깜짝 놀랄 정도다.
이런 아이로 성장하는 데 도움을 못 준 것 같아
미안한 마음만이 가득하다.
자신과 다른 생각을 만났을 때 반항하는 건 청소년기의 특질이다.
반항은 자기 스스로를 보호하는 성장 과정의 한 모습이다.
그런데 아빠인 나는 자기 나름의 방어를 연습 중인
아이의 지성과 감성을 무시했다.
아빠가 이성적 혹은 논리적이라는 명목을 내세워
아이의 지성과 감성을 권위적, 비판적으로만 헤집는다면

아이는 성장 후에도 자기 자신을,
그리고 타인을 존중하긴 어려울 테다.

나는 아이를 무기력한 순둥이로 키우려 했었다.
순응하는 것만이 착함이라는 왜곡된 인식을 강요했다.
자기주장을 내세울 줄 아는 아이로 성장하는 것을 방해했다.
둘째 아이가 자신의 감성에 의지하며
격렬하게 자기주장을 할 때
"그렇구나. 네 말도 충분히 옳을 수가 있겠다"라고 말해야 했다.

도저히 아이의 말을 들어줄 수 없는 상황이라도
"내 말도 들어주고 네 생각을 말해주면 안 될까?"
라고 물어보는 게 옳았다.
설령 나의 부족한 점을 닮아
아이에게 외골수적 성향이 보이더라도
그 나름의 장점도 있을 터,
바로 그 장점을 찾아내어 응원하고
대신 그만큼 자신의 말에 책임감을 가지라고 조언하는 게 옳았다.
하지만 나는 그러지 못했다.

아이가 자신의 감정을 표출하는 방식을 무시했고
근본적으로는 있는 그대로의 아이 모습을 인정하지 않았다.
아이를 누군가의 눈치나 살살 보면서 살아가는
강제 순둥이로 만들지도 모르는데 말이다.

이제라도 조심하려 한다.
아빠만의 단단한 안목을 가지고 있더라도
아이의 안목 역시 존중하고 인정해주는 아빠가 될 것이며
이를 위해 아이의 말대답을 기쁨으로 반기고 싶다.
그렇게 무너진 관계를 복원해내고자 한다.

아빠의 금칙어

×××××

잘못했다고 말하면 되는 걸
꼬박꼬박 말대답이나 하고….

의견을 또박또박 말할 수 있다면 아이는 잘 자라고 있는 거예요.
부모와 다른 의견을 말하면서 아이의 생각은 넓고 깊어질 거예요.

자녀의 선물에는
일단 고마움부터 표현할 것

어느덧 중년의 나이가 되었지만 나도 생일이 오면 가슴이 설렌다.

아이들이 코 묻은 돈으로 사주는 선물을 기다린다.

그런데, 최근까지도 나는

아이들에게 제대로 선물 받는 법을 몰랐다.

몇 년 전 내 생일 때다.

퇴근하고 집에 가니 탁자 위에 커다란 상자가 놓여 있었다.

슬며시 자기 방을 나온 막내가 웃음을 보이면서 말했다.

"내가 백화점에서 아빠 선물 사 왔어."

내가 사랑하는 아이가 고른 선물이라니 사는 보람이 느껴졌다.

마음이 두근거렸다.

상자를 보니 옷인 것 같았다.
셔츠일까? 아니면 양말?
고급스러운 상자에 분홍색 리본으로 묶인 박스를 열었다.
열 살 아이가 골랐다기엔 꽤 멋진 잠옷 세트였다.
그때 나는 이렇게 말했다.
"에이, 물어보고 사지. 아빠는 잠옷 불편해서 안 입어."
아이의 표정이 순식간에 굳어졌다.
'아차!' 했으나 이미 늦었다.
무심코 던진 나의 말을 필터 없이 스펀지처럼 흡수했을
딸에게 미안함을 느끼고 곧 자괴감이 몰려왔다.
그날 밤새 잠을 뒤척였다.

'나는 정말 아빠 자격이 없는 놈 아닌가?'
'어떻게 아빠란 사람의 입에서 그따위 말이 나오는 걸까?'
'어찌 그토록 냉정하게 아이의 진심을 뭉갤 수가 있는가?'
막내는 세상을 아직 순수한 눈으로 바라보던 열 살 무렵이었다.
그런 딸에게 아빠의 말은 잔인하기 이를 데 없었을 것이다.
아빠에게 줄 선물을 사랑 가득한 마음으로
고르고 골랐을 딸의 마음에 생채기를 냈다.

아빠 취향도 모르냐?

나 자신이 미웠다.

사랑하는 딸의 당황해하는 표정이 지금도 기억에 선명하다.

아이가 설레는 마음으로 준비한 선물에

내가 받은 감동을 솔직하게 표현했다면

아이에게 또 다른 추억이 되었을 텐데.

미안하고 또 미안하다.

비슷한 얘기를 들은 적이 있다.

30대 초반의 한 여성은 독립해서 혼자 나와 살고 있었다.

직장에서 근무하던 어느 날 아버지가 편찮다는 말에

연차를 내고 집에 갔단다.

가면서 아프신 아버지를 위해선 전복죽을,

평소에 치즈를 좋아하시는 어머니를 위해선 치즈 피자를 샀단다.

그런데, 집에 도착해 어머니께 피자를 드리니

이런 말이 돌아왔다.

"피자? 자기가 먹고 싶은 거 사 왔네? 나는 식은 밥이나 먹으련다."

긍정적으로 생각하고 싶다.

자녀가 무언가를 사 오는 것이 미안하고 부담되어

당황하는 와중에 튀어나온 말이라 생각하고 싶다.

하지만 딸이 그렇게 생각했을까?

전혀 그렇지 않았다.

정성들여 준비한 것들이 무시당했다는 생각에

마음만 상할 뿐이었다.

이 사연을 듣고 안타깝게 여긴 옆 사람은 이렇게 조언했다.

"위독하신 거 아니면 이제부터 아예 가지 마세요."

자녀가 부모를 위하는 행동을 할 때

부모는 좋은 기분을 마음껏 표현하고 싶지만

자신도 모르게 쌀쌀맞은 말투로 대할 때가 있다.

고맙고 행복하다는 표현을 하고 또 해도 모자란 데도 말이다.

맛있는 걸 골라서 가져가도 "맛도 없고 비싼 걸 왜 사 와?"

마음을 담아 선물해도 "난 이런 건 필요 없는데."

그렇게 자녀의 마음을 들들 볶아놓고는

"왜 연락이 없지?"라고 의아해한다.

나는 이렇게 말해야 했다.

"이렇게 멋진 잠옷, 처음이야! 오늘부터 입고 잘게."

"우리 딸, 아빠가 원하는 걸 어떻게 안 거야? 고마워."

이 말이 나는 그렇게도 힘이 들었을까.

아빠의 금칙어

××××××

에이, 물어보고 사지.

부정적인 말보다는 긍정적인 말로 아이와 소통해보세요.
긍정적인 말이 긍정적인 관계로 이어집니다.

어느 날
아이가 입을 닫았다면

교육에 관심이 있는 부모라면 한 번쯤
아이를 바이링구얼(bilingual), 즉 이중 언어 사용자로
키우고 싶다는 꿈을 꾼다.
물론 아이를 그렇게 만들고 싶다는 것이지
부모 자신이 바이링구얼이 되고 싶은 건 아니다.

부모가 겪은 영어 스트레스를 자녀가 겪지 않았으면 하는 마음은
영어 조기 교육으로 이어진다.
영어는 기본이고 중국어는 옵션이다.
심지어 유아에게 영어로 중국어를 가르치는
베이비시터가 인기란다.

틀에 박힌 영어 교육이 아이들에게 도움이 되긴 하는 걸까.
영어권 문화에 대한 이해도 하기 전에
혀를 굴려 발음하고 어려운 영어 단어를 외는 것이
과연 바람직할까?
일부에서는 문화에 대한 이해 없이
어설프게 언어를 습득하는 건
혼란을 유발할 수도 있다는 경고도 한다.
언제 배우느냐, 얼마나 배우느냐보다
어떻게 배우느냐가 중요한 이유다.

그런데 갑자기 궁금해졌다.
부모와 자녀 역시 서로에 대한 이해 없이
각자의 언어로만 소통하고 있는 건 아닐까.

둘째가 초등학생 때의 일이다.
"너는 커서 뭐가 되고 싶어?"
"야구선수!"
아이에게 어떤 사람이 되고 싶은지
물어본 것까지는 문제가 없었다.

하고 싶은 것, 되고 싶은 것에 대해
아이와 자주 이야기를 나누는 건 무척 중요한 일이다.
단, 이때 대화하는 태도에 주의를 기울여야 한다.
아이의 꿈에 엉뚱한 토를 달면 안 된다.
그런데 나는 야구선수가 되고 싶다는 아들에게
지금 생각해보면 어처구니없는 대응을 했다.
"그거 해서 뭐 해 먹고살려고?
억대 연봉의 프로야구 선수?
그렇게 되는 것보다 서울대 가는 게 더 쉽겠다."

아이의 꿈을 무시하고, 굳이 근거를 찾아서 들이댔다.
프로야구 2군 선수들이 고생하는 동영상을 보여줬다.
마치 협박을 하는 것처럼.

아이는 할 말을 잃고 굳은 얼굴로 자기 방에 들어갔다.
아빠인 나는 '뭔가 해냈다'라는 생각에
부끄러운 줄도 모르고 안도와 여유를 느꼈다.

요즘 부모들은 자녀에게 꿈에 대해 묻기를 주저하지 않는다.

거기까진 좋다.
하지만 부모가 원하는 꿈을 말하지 않으면
"그게 무슨 장래희망이니? 정신 좀 차려!"라면서
부모가 원하는 직업을 아이가 말할 때까지
끝없이 다그친다. 부끄럽지만 나도 그랬다.

세상이 팍팍해서일까.
부모는 지극히 현실적이다.
부모의 마음을 알아버린 요즘 아이들 역시
꿈보다는 현실에 민감한 것이 최고인 줄 안다.
안정적인 공무원이 꿈이라는 중학교 1학년,
먹방 유튜버가 되어 돈을 벌고 싶다는 초등학교 6학년,
아빠가 주는 용돈으로 주식투자를 하겠다는 초등학교 4학년.
이제 중학생, 아니 초등학생도
사회에 나가서 어떻게 돈을 벌 것인지를 고민한다.

"대학교 1학년이 취업 준비를 해?"라는 것은 옛말이 됐다.
"소설을 쓰고 싶다",
"어려운 사람을 돕겠다"라고 말하는 자녀에게

"네가 세상이 얼마나 무서운지 몰라서 그러는 거야!"라며
아이의 꿈을 잔인하게 짓밟는 사람들.
혹시 우리 아빠들 아니었던가.
얼마든지 순수해도 괜찮을 아이를
왜 나는 팍팍하게 만든 걸까.
왜 아이의 가능성을 있는 그대로 봐주지 못했을까.
세상과 맞설 아이의 자존감을 왜 망가뜨렸을까.
왜 아이의 꿈에 상한선을 정해놓고 함부로 말했던가.
모르면 가만히 있어야 할 텐데 아이의 꿈을 함부로 무시했다.

지금이라면 이렇게 말해줄 텐데.
"아빠는 생각해보지도 못한 꿈을 꾸고 있구나.
당당하게 너의 꿈을 이야기하는 모습이 멋지다!"
아이는 무엇이든 할 수 있고, 무엇이든 될 수 있는 존재다.
아이는 자신이 하고 싶은 걸 표현하는 데 익숙해져야 한다.
어른의 생각을 짜깁기처럼 배워야 할 이유가 없다.

그리고 부모는 자녀의 언어를 배워야 한다.
어른의 말과 아이의 말 두 가지에 모두 능통한

'바이링구얼'이 되어야 한다.

아이가 입을 꾹 닫아버리는 일이 생기지 않도록.

아빠의 금칙어

×××××

그거 해서 뭐 해 먹고살려고?

아빠의 꿈은 아빠가 이루고, 아이의 꿈은 아이가 이루어야 해요.
아빠의 꿈은 아이의 꿈이 아니에요.

미안한 마음을 가졌을 아이를 따뜻하게 품는 방법

고등학교 1학년 그리고 중학교 3학년인 첫째 아들과 둘째 아들.
작년엔 도대체 얘들이 학생인지 농구선수인지 모를 정도였다.
시간만 나면 집 앞 농구장에서 몇 시간을 농구하다 오는 건 기본,
밤 9시, 10시 아니 11시가 넘어서도 공을 들고 슬금슬금 나갔다.
드리블 연습을 하겠다나?

그뿐 아니다.
미국의 농구 스타 코비 브라이언트가 사망했을 때는
친척 중의 한 분이 돌아가신 것처럼 슬퍼했다.
이해도 안 가거니와 세대 차이도 느껴졌다.
"레너드가 어쩌고" 해서

난 예전 복싱선수였던 슈거 레이 레너드를
말하는 줄 알았는데 농구선수란다.
'그런 사람이 있었나?'
하긴 내겐 농구 하면
마이클 조던이 전부였으니 모를 만도 하다.

그러던 어느 날이었다.
첫째 아들에게 농구를 문제 삼아 한 소리를 하게 됐다.
학원 수학 시험에서 형편없는 점수를 받고 온 날이었다.

"성적이 이게 뭐니?"
"…."
"말해봐. 뭐가 문제야."
"준비가 부족했어요."
"그럴 줄 알았어. 어제도 보니까 11시도 안 됐는데 자고 있고."
"졸려서 그런 걸 어떻게 해요."

'그냥 그런가 보다'라고 넘어가면 될 것을
기어코 괜한 농구를 끌어다가 핀잔을 줬다.

"뭘 했다고 졸려? 쓸데없이 농구나 하니까 그런 거 아니야!"

아들이 말문을 닫았다.

'아차' 싶었다.

사실 나 역시 아들들 나이 때 농구를 좋아했다.

고등학교 1학년 초여름,

해가 뉘엿뉘엿 넘어가는 운동장에서 몸을 풀고

어두워져서 공이 보이지 않을 때까지

농구를 했던 기억이 난다.

내 아이들이니 나를 닮아서 그랬던 걸 텐데

왜 어릴 적 생각은 못 하고 아이들을 윽박질렀던 걸까.

하루 한두 시간 농구를 하는 게 나쁜 것도 아닌데 말이다.

오히려 운동을 권장해도 모자랄 때 아닌가.

그렇잖아도 요즘 아이들 운동량이 부족하다고 난리인데 말이다.

농구와 같은 여가 활동은 청소년의 자율성을 개발한다는

심리학 연구도 있다.

게다가 안정감을 높여 반사회적 행동을 억제한다.

농구로 자신의 몸을 만들고, 땀을 흘리며, 즐거움을 느끼는 아들의 모습에 나는 열렬한 박수를 보내야 마땅했다.

유아기 때는 아이의 몸짓 하나에도 기뻐했으면서
왜 지금은 아이가 아빠 눈치를 보며 여가 활동을 하게 만든 걸까.
수학 성적이 엉망이더라도 농구를 소환해서 타박하는 대신
'네 나이 때는 수시로 잠이 오긴 해. 그래도 준비할 건 준비하자!'
정도로 말을 끝내야 했다.
그게 아빠다운 태도였다.
사실 아이도 자신의 성적이 불만족스러웠을 것이다.
그런 아이의 감정을 나는 다독이지 못했다.
위로 한마디를 하지 않았다.
미안하다.

아빠의 금칙어

×××××
뭘 했다고 피곤해?

아이의 힘듦을 부모가 대신 판단하지 말아 주세요.
아이와 어른이 받아들이는 힘듦의 강도는 다를 수 있어요.

아이의 한계가 아닌 성장에 초점 맞추기

아이들이 어떤 말을 하면
나는 특유의 건조한 표정을 지으며 이렇게 말하곤 했다.
"애들이 알아봐야 뭘 안다고."

아이들은 자신의 능력을 인정받았을 때 행복하다고 한다.
아이가 좌절감을 느끼지 않도록 보살펴야 할 이유다.
아이가 스스로 한계를 정했다면 그것을 깰 수 있도록
도와주어야 할 사람은 바로 부모다.
선생님이 한 학생을 두고서
"너는 암기 과목에 약해"라고 말하는 순간
그 학생은 암기 과목을 포기할 것이다.

애들이 알아봐야
뭘 안다고.
그럼 아빠는 우리에 대해
뭘 아시죠?
나와 제일
친한 친구는?
내가 제일
좋아하는
캐릭터는?

어쩌면 영원히.

"어떻게 어려운 암기 과목을 공부할 생각을 했니?"라고 한다면
그 학생은 암기 과목도 잘할 수 있다는 용기를 낼 것이다.

자녀가 항상 자신의 한계에 부딪혀
해내지 못할 거라는 생각에 갇혀 살기를 바라는 아빠는 없다.
그런데 나는 함부로 아이의 한계를 말하는 것에 익숙했었다.

생각의 범위는 경험의 범위와 같다고 한다.
고백하자면 나는 강한 자에는 약하고, 약한 자에겐 강했다.
흑백논리 그리고 강자와 약자의 구분에만 익숙했다.
아이들도 약자로 구분했다.
사랑하는 내 아이들을 마음대로 약자로 규정하고는
아이가 잘할 수 있는 것보다 못하는 것에 집중했다.
아이는 기본적으로 무엇이든 할 수 없다고 믿었다.
잘못된 나의 인생관을 굳이 집에까지 끌고 들어온 것이다.
'할 수 없는' 아이들에게 '할 수 있는' 나는 신(神)이 되었다.
속 좁은 나의 견해를 진리인 듯 말했다.
그리 깊지도 넓지도 않은,

지금은 낡아버리기까지 한 경험이 전부인데도
'애들이 알아봐야 뭘 안다고?'라고 생각하며
내 의견만을 고집했다.

나는 아이들을 몰랐다.
모르면 겸손했어야 했는데 잘 알지도 못하면서
함부로 아이들의 한계를 획정해버렸다.
우리가 곤경에 빠질 때는 무언가를 잘 모를 때가 아니라
확실히 안다고 착각할 때다.
나는 아이를 안다는 환상에 젖어 있었다.

실제로 경제협력개발기구(OECD)가 2015년 회원국을 대상으로
'삶의 질'을 조사한 보고서에 따르면
한국 어린이는 회원국 중 부모와 교감하는 시간이 가장 짧았다.
참고로 회원국의 아빠가 자녀와 보내는 시간이
하루 평균 150분이었는데
한국의 부모는 48분만 아이들과 함께했으며
그중 아빠와 교감하는 시간은 6분이었다.
나는 가끔 청소년 자녀를 둔 아빠들에게 다음의 문제를 낸다.

한번 대답해보라고 하면서 말이다.
일종의 아빠 자격 시험이다.

(문제 1) 아이와 친한 친구 세 명의 이름은 무엇인가?

(문제 2) 아이가 좋아하는 캐릭터는 무엇인가?

(문제 3) 최근 한 달 동안 아이에게 가장 좋았던 일과 가장 나빴던 일은 각각 무엇인가?

당신은 이 문제에 모두에 답할 수 있는가.
모두 맞혔다면? 당신은 최고의 아빠인 '부신(父神)'이다.
두 문제를 맞혔다면? 나름대로 괜찮은 아빠인 '호부(好父)'다.
한 문제를 건졌다면? 겨우겨우 아빠 구실을 하는 '보부(普父)'다.
하나도 몰랐다면? 아빠 자격은 없다.
'악부(惡父)'도 아니고, '비부(非父)'다.
고백한다.
나는 아빠 자격이 없었다.
자녀의 생각을 우습게 여기기 전에
아이들에 관해 최소한의 것들도 모르는 자신부터 탓하자.
부모에게는 심리학, 사회학 공부보다

우리 아이 그 자체에 대한 공부가 더 필요하다.
아이가 좋아하는 것도 제대로 모른다면
그래서 부끄럽다면
"애들이 뭘 안다고"라며 혀를 차면서 무시하기 이전에
"아빠가 뭘 안다고"라며 냉정한 자기반성부터 해보자.

'애들이 뭘 안다고?'라고 아이를 탓하는 아빠를 향해서
'아빠가 뭘 안다고?'라며 아이도 혀를 찰 테니까.

아빠의 금칙어

×××××
애들이 뭘 안다고.

부모의 한계에 아이를 가두면 아이는 그 이상 성장하지 못합니다.
하지만 실제로 아이가 할 수 있는 일은 무궁무진하답니다.

밥상머리 교육 대신 밥상머리 관찰

밥상머리 교육이라는 말이 있다.
단어가 뭔가 마음에 들지 않는다.
밥상에서까지 무슨 교육을 하라는 말인 걸까.
밥상에서는 그냥 맛있게 먹으면 되는 거 아닐까.
그런데 정작 나는 집에서 밥상머리 교육이랍시고
아이들에게 강요를 일삼았다.

"핸드폰을 보면서 무슨 밥을 먹는다고!"
"그렇게 더럽게 먹으면 어떻게 해?"
"밥풀 떨어지잖아! 얌전하게 먹어, 좀!"
"먹은 자리는 깨끗하게 치워야지!"

"설거지 안 하고 갈 거야? 응?"
"식사할 땐 얌전히 있지 못하겠니?"
"수학 성적 어떻게 나왔어?"
"고기만 먹을 거야? 야채를 먹어야지!"

이 말들이 틀린 말은 아니었다.
하지만 말투와 장소가 문제였다.
가족이 다함께 모여 앉아 이야기를 나눌 수 있는
얼마 안 되는 시간인 식탁 자리에서만큼은
학업 스트레스로 힘들어하던 아이를 다독여야 했다.
타박하는 말투로 찡그린 표정으로
아이를 대하는 내 모습은 실망스러웠다.
아빠의 말투는 좀 더 세심해야 한다.

채소는 손도 대지 않는 첫째 아들에게도
"몸에 좋으니까 먹어야 해"가 아니라
"꼭 다 안 먹어도 되니까 한번만 먹어 봐"라고 해야 했다.
아니면, 아이들이 좋아할 만한
맛있는 채소 요리를 만들거나.

"그렇게 먹다간 몸에 문제 생긴다"라는 저주를 퍼부어선 안 됐다.
옳음을 강조하려고 애쓰기보다 행복을 말해야 했다.
강압적인 말들이 오히려 그 아이들에게 거부 반응을 일으켰다.
그렇게 아들의 편식은 더 심해져만 갔다.
잘못된 내 말투 탓이었다.

아이들이 어렸을 적엔 지금과는 상당히 달랐다.
아빠를 따르고,
아빠에게 말을 걸고,
아빠와 함께하려고 했다.
그런 아이들의 모습은 아빠인 나에겐 일종의 자랑이었다.
다정하고,
친절했으며,
따뜻한 심성까지 갖췄으니 말이다.

실제로 아이들과 외식을 하게 되면 주변 사람들에게
이런 말도 많이 들었다.
"아이들이 어쩌면 모두 잘생기고 예뻐요?"
"아이들이 편식도 안 하고 모두 잘 먹네요."

"아이들이 얌전하게 밥을 참 맛있게 먹네요."
"아이들이 부모님 말씀을 잘 듣네요?"
나는 그때 이렇게 좋은 말을 듣게 된 이유를
"밥 먹을 때는 이렇게 저렇게 해야 해!"라고 윽박지르던
아빠의 밥상머리 교육 때문이라고 생각했다.
착각이었다.
나의 아이들은 원래 착했다.
오히려 내가 따뜻하고 친절하고 다정한
아이의 심성을 조금씩 망치고 있었다.

밥상머리는 '교육'의 장소가 아니라 '관찰'의 장소여야 한다.
밥알을 튀기며 아이들에게 함부로 말하는 태도는
당장 그만두어야 할 나의 잘못된 습관이었다.
식탁은 아빠가 마음대로 말하고 행동해도 되는,
아이들은 그런 아빠를 그저 무기력하게 견뎌야만 하는,
그런 공간이 아니다.

밥상에서 아빠가 해야 할 건
아이의 고단함을 잘 살피고 보살펴주면서

어떻게든 아이들이 맛있게 밥을 먹게 하는 것,

오직 이것뿐이다.

아빠의 금칙어

×××××

고기만 먹을 거야? 야채를 먹어야지!

이치에 맞고 옳은 말도 말투에 따라, 상황에 따라 아이에게 해가 될 수 있어요. 식사 자리에서 가장 중요한 건 아이가 즐겁고 맛있게 식사하는 것이랍니다.

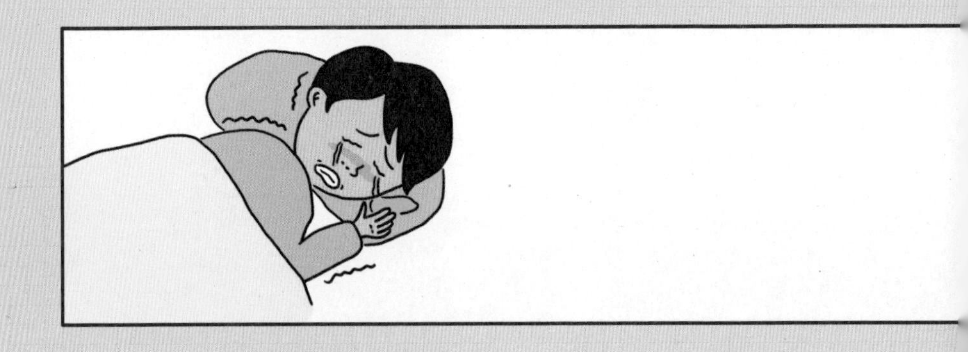

3장

비교하고 차별해서 미안해

세상은 다른 사람과 조화를 이루어 더불어 사는 곳임에도
아이 이외의 모든 사람을 경쟁자로 몰아세웠던 것을 후회한다.
아들에게 미안하고, 지금부터라도 잘하고 싶다.

아빠의 자격지심은 아이의 자존감을 무너뜨린다

자격지심.

자신이 이룬 일의 결과에 대해 스스로 미흡하게 여기는 마음이다.

자격지심이란 말의 핵심은 '스스로'다.

스스로 부딪치는 마음.

다름 아닌 자기가 자신을 괴롭힌다는 것이다.

세상에서 가장 소중한 자기 자신을 괴롭히는

바보 같은 사람이 있을까? 있다. 바로 나다.

그것도 아이들에게 드러내면서.

세상일에 지쳤을 때,

일이 마음대로 풀리지 않았을 때,

밝게 웃으며 일상을 즐기는 아이들을 괜히 불러서는
습관처럼 말하곤 했다.
"아빠처럼 되지 않았으면 좋겠어."

언뜻 보면 반성하는 아빠가 좋아 보일 수 있다.
하지만 자신을 닮지 말라는 아빠의 말은
아이에게 충격적일 수 있다.
부족한 게 있으면 혼자 되뇌이며 반성했어야 했다.
아무리 나 자신에게 불만과 부족을 느꼈다 하더라도
아이들 앞에서 스스로를 흉보는 아빠를
불안하게 여기지 않는 자녀는 없다.
아이들의 자존감을 무너뜨린다.

세상에 가장 믿고 따라야 할 아빠가
자격지심으로 가득해서 자기 비하나 일삼는다면
아이들은 누구를 믿고 의지할 수 있을까?
자칫 잘못하면 아이들까지
자기 자신을 하찮은 존재로 생각할 수도 있다.
'아빠처럼 나도 못난 존재가 아닐까?'

우리 자녀들도 살아가며
고난과 역경을 겪고 이겨내는 경험을 해야 할 때가 온다.
그때 자기 존재에 의문이 생기면 곤란하다.
스스로 믿는 힘이 없으면 작은 고난에도 쉽게 무너진다.
누군가를 존중하기 전에 자기 자신을 존중해야
흔들려도 다시 중심을 잡을 수 있다.
그런데 자기를 낳아준 아빠가 스스로를 존중하지 못한다면
아이도 자기 자신을 존중하기 힘들 것이다.

부모가 아이를, 아이가 부모를 존중하는 것도 중요하다.
하지만 무엇보다 자기 자신부터 존중할 줄 알아야 한다.
자신을 존중하지 못하는 사람은 남을 존중할 수 없다.
"아빠는 괜찮은 사람이다. 너희를 보호하고 사랑할 수 있다"라고
아이들에게 끊임없이 알려줘야 한다.

아빠가 자기 자신을 존중하면
아이들도 자신을 귀하게 여길 것이다.
아빠의 말투가 스스로에 대한 존중으로 가득해야 할 이유다.

참고로 자존감은 자신의 가치에 대한 전반적인 평가인데
자격지심은 주로 자존감 부족에서 시작된다고들 말한다.
자존감 부족은 열등 콤플렉스(Inferiority complex)를 일으키며
그 이유를 찾는 과정에서 피해의식이 생기게 되면 결국
자기효능감(Self-efficacy)이 낮아진다는 것이다.
즉, 매사에 자신감과 자존감이 떨어져서
스스로 어떤 일을 잘 해낼 능력이 없다고 주눅들게 된다.

돌이켜보니, 내가 그랬다.
수없이 많은 실패와 좌절을 겪었고
그것을 봉합하는 과정에서 잘 이겨내지 못한 상처들이
자존감 부족으로 남아 열등 콤플렉스가 되어
심리적으로 위축되었다.

그 결과, 자기 효능감을 키워야 할 청소년기의 아이들에게
누구보다 당당하고 씩씩하게 자라나길 바랐던 내 아이들에게
"절대 아빠를 닮으면 안 돼!"라는 말을 해댔다.
아이가 보는 앞에서만큼은
아빠 스스로 자존감을 잃지 말았어야 했는데 말이다.

이제는 스스로를 비난하는 대신 존중하는 말투로 말할 것이다.

나를 바라보고 있을 사랑하는 아이들을 위해서라도 말이다.

"아빠는 꽤 괜찮은 사람이야."

아빠의 금칙어

×××××

나처럼 되지 않았으면 좋겠어.

자신이 하지 못했던 걸 아이에게 강요하지 마세요.
아빠가 먼저 좋은 사람이 되어 아이에게 보여주세요.

아빠의 섣부른 판단이 가족 내 차별을 만든다

고등학교 1학년인 첫째 아들은
중학교 3학년인 둘째 아들과 말할 때
가끔 자신의 우위를 확인하는 것 같은 말투를 쓴다.
대체로 "넌 이것도 몰라?"라는 비아냥이었다.
언젠가 이런 상황을 보게 되었다.

첫째 : 내 노트북, 네가 만졌지?

둘째 : 과제 낼 게 있어서 그랬는데. 사용하면 안 돼?

첫째 : 당연하지.

둘째 : 왜?

첫째 : 그걸 말이라고 해?

급해서 동생이 잠깐 빌려 쓴 건데
그걸 두고 타박하는 첫째의 태도가 안 좋아 보였다.
엄마가 개입했다.
아무것도 아닌 일이 심각한 일이 되는 순간이었다.

엄마 : (첫째에게) 말투가 좀 그렇다.

첫째 : '왜'라고 하잖아. 그게 정상이야?

엄마 : 그게 정상, 비정상을 논할 일이니?

첫째 : 옳고 그른 건 따져봐야지.

둘째, 엄마 : ….

꿀 먹은 벙어리가 된 둘째와 엄마.
두고만 볼 수가 없었다.
아빠이자 남편인 내가 도와줄 때가 되었다고 생각했다.
분노와 질책을 섞어 첫째에게 한마디 했다.
"형이라는, 아들이라는 놈의 말투가 그 정도밖에 안 돼?"
아들을 잡는 건 아빠의 몫이었던가?
기세등등하게 둘째와 엄마를 몰아세우던 첫째가 입을 닫는다.
아빠인 나는 이를 대단한 가르침이라도 준 것으로 착각하고 다시 찾아온 평화와 정적을 즐기기 시작했다.
집을 평화롭게 만든 아빠라고 생각하면서.

대화다운 대화를 하지 못한 채, 갈등은 그대로 남겨둔 채,
평화를 얻어냈다고 흐뭇해하다니 한심한 일이었다.
소리를 한번 꽥! 질러서 조용하게 만든 걸 두고,
대단한 일을 해냈다고 여겼던 내 모습이
다시 생각해봐도 부끄럽다.

첫째의 어렸을 때가 생각난다.
동생들을 무척 예뻐하고 배려하는, 착했던 아이다.
둘째와 셋째에게 아빠와 엄마로부터 받는 사랑을 나눠주면서도
항상 밝고 씩씩하고 당당한 아들이었다.
부모에게 받았던 100만큼의 사랑을 삼등분해야 했을
첫째는 상실감이 상당했을 텐데도 늘 의젓하고 침착했다.
참 괜찮은 아들이었다.
그런 아들에게 나는 이제 와서
형이라고, 오빠라고 무조건 양보해야 한다고 닦달했다.
가만히 생각해보니

첫째는 늘 뺏기고만 사는 아들이었다.

사람은 누구나 누군가의 들러리가 된다는
생각이 들면 기분이 상한다.
하물며 관심과 애정을 나눠야 할 가족 관계에서
항상 두 번째가 되는 느낌이 받으면 얼마나 속이 상할까?
무심코 던진 말들로
첫째에게 상처를 준 것 같아 미안하다.

성인이 된 자녀를 둔 선배들에게 물어보니 싸우는 것도 한때란다.
대학을 가고 사회생활을 하면 자기들끼리 알아서 잘 지낸단다.
그때까지 좀 기다릴 줄 아는 아빠의 여유가 필요할 텐데
그렇게 하지 못했던 나의 말투와 행동이 아쉽다.

세상은 지금 차별에 대해 민감하다.
차별받는 사람이 겪는 고통에 대해선 공감하고
차별하는 사람은 엄중한 처벌을 받아야 한다고 강조한다.
그런데 나는 집에서 차별을 가르쳤다.
'형이라는 놈이. '

'오빠가 먼저.'

'남자애가.'

해서는 안 될 말을 했고, 이제부터 조심하겠다.

아빠의 금칙어

××××××

형이라는 게 꼭 그렇게 말해야 해?

첫째라서, 동생이라서 꼭 해야 할 일은 없어요.
아이에게 역할을 주기보다는 아이 그 자체로 바라봐 주세요.

아빠의 경험은 그때 그 시절에만 옳았을 뿐이다

이런 말을 하는 부모들, 주변에 꼭 있다.

"우리 아들? 사교육 안 받고도 영어가 만점이야."

"우리 아이요? 과외 같은 거 안 받고도 명문대에 갔어요."

있는 그대로 믿고 싶지만,

사실 그들의 말 속에는 몇 가지 단어가 생략된 경우가 많다.

"우리 아들? (어릴 때 미국에서 살아서) 사교육 안 받고도 영어가 만점이야."

"우리 아이요? (일타 강사 현장 강의만 들었을 뿐) 과외 같은 거 안 받고도 명문대에 갔어요."

어릴 때 미국에서 살았다면 그 자체가 얼마나 큰 사교육인가.
일타 강사 현장 강의를 들으려면
부모가 얼마나 노력해서 강의 등록을 했을 것인가.
유튜브가 흥하면서 아들, 딸이 좋은 대학에 가면
그걸 콘텐츠로 만들어 올리는데
게시물을 보면 은근히 짜증이 나기도 한다.

오천만 인구 중에 그런 (특권을 지닌) 사람이 도대체 얼마나 된다고.
언젠가 사교육은 필요 없다던 유명 단체의 리더가
정작 자신의 아이는 슬그머니 해외 유학을 보내놓고선
보통 사람들 학원 보낼 돈의 수십, 수백 배를 써서
문제가 됐다는 얘기를 들었다.
세상이 그렇다.

물론 가르치는 것 자체를 욕할 순 없다.
나 역시 능력만 된다면 최대한 아이들의 교육을 지원하고 싶다.
부모들에게 아이의 공부, 아이의 진학, 아이의 성적은
벗어나고 싶어도 벗어날 수 없는 굴레와도 같은 것이니까.
하지만 아이들이 어디 부모의 마음대로 되던가.

한 학부모의 고민을 듣게 되었다.

중학교 2학년 여자아이를 키웁니다.
공부, 아니 공부 비슷한 이야기만 나와도
잔소리한다고 '버럭' 합니다.
알아서 할 거니까 간섭하지 말라면서요.
그런데 다음 주가 시험이어도
공부한다고 방에 들어가서는 침대에 엎어져 있어요.
그래서 이렇게 도움을 요청합니다.
'공부'라는 말만 해도 짜증을 내며 성질을 부리는
중학교 2학년 정도의 사춘기 자녀들과 어떻게 대화를 하시나요?

내가 만약 이 학생의 아빠였다면 화부터 냈을 것 같다.
"어떻게 돈 벌어서 학원 보내주는 것인 줄 알아?"라면서 말이다.
참고로 나는 구시대의 인물이다.
중학교, 그리고 고등학교 모두 과외를 해본 적이 없다.
정부가 과외와 학원을 금지했기 때문이다.
그런데 이게 오히려 지금
나와 아이들의 소통을 방해하는 것 같다.

과외를 할 수 없는 상황에서 혼자 공부해서 대학에 갔기 때문인지
아이가 과외, 학원, 그리고 시험 성적에 관해 투정을 부리면
아이들에게 퉁명스럽고 냉정한 말투를 쏟아냈다.
"아빠는 혼자 공부했어. 과외만 있었으면 서울대 갔어!"
"돈 벌어서 과외 보내주면 고맙다고 할 것이지!"
"비싼 학원 다니면서, 성적이 이게 뭐야?"

잘 모르면 말하지 말아야 하는데 나는 그렇게 하지 못했다.
나와 아이 사이에는 30년이라는 세월의 강이 있다.
그 변화를 나는 무시했다.
당시 내 논리는 이랬던 것 같다.

1) 아빠가 어렸을 때도 너와 같은 어려움을 겪었다.

2) 하지만 나는 그것을 혼자서 잘 이겨냈다.

3) 너도 그렇게 해야 한다.

이 논리의 이면에는
아빠인 나는 어려운 시절을 잘 이겨냈으니
그 어떤 말을 하고 어떤 행동을 해도 모두 옳다는

건방진 생각이 뱀처럼 똬리를 틀고 있던 것이 아닐까 싶다.

반성한다.

학업과 성적 때문에 어려움을 겪는 아이들에게

아빠인 내가 해야 할 말과 행동은 단 두 가지였다.

첫째, "힘들지?"라는 말.

둘째, 그저 어깨 토닥여주기.

이 둘만 하면 됐다.

그런데, 그걸 몰랐다.

아빠의 금칙어

×××××

아빠 때는 말이야.

아빠가 자랐던 환경과 아이의 상황은 다르다는 것을 잊지 마세요. 아이의 힘듦을 아이의 시선에서 이해하면 아이는 스스로 길을 찾을 거예요.

비교에는 끝이 없다

사장님이 오셨다.

평소라면 감히 얼굴조차 뵐 수 없는 분이 갑작스레 오셨으니

사무실 분위기는 조심스러웠다.

'잘못하면 한 방에 훅 간다.'

그런데 이런, 사장님이 내 자리 쪽으로 오시는 게 아닌가.

고개를 숙였지만 사장님은 이미 내 곁에 서 계셨다.

그러곤 물어보신다. "어떤 일을 하는가?"

머리가 하얘졌다.

답을 못 하고 허둥대는 나를 보시던 사장님은 인상을 쓰셨다.

"자기 업무 하나 제대로 장악하지 못해서야."

그러곤 내 옆자리에 있는 입사 동기에게도 똑같은 질문을 했다.

나보다 나은 게 별로 없다고 생각하던 친구였기에

'너도 이제 죽었다'라고 생각했는데.

이게 웬일?

사장님이 물어보는 것마다 척척 대답하는 게 아닌가.

사장님의 입가에 미소가 번졌다.

"이 친구가 에이스구먼!"

동료를 칭찬하던 사장님은 나를 돌아보더니 퉁명스럽게 말했다.

"동료에게라도 좀 배워야지? 안 그래?"

당황했다. 변명이 나오기 시작했다.

나의 입에서 이런저런 말들이 나왔지만 두서가 없이 헛돌았다.

'이러다 무능한 사람으로 찍혀서 쫓겨나는 거 아니야?'

불안감에 온몸이 조이는 듯 아프기 시작했다.

그러다 결국, 잠에서 깼다.

내가 최근에 꾼 악몽이다.

그 더러운 느낌은 여전히 생생하다.

더럽다고 말할 정도로 꿈의 내용은 내 기분을 언짢게 했다.

그렇다면 과연 무엇이 나를 기분 나쁘게 했을까?

갑작스러운 사장님의 방문에 따른 당황스러움?

대답 하나 제대로 못 하던 나의 무기력함?

회사에서 쫓겨날 수도 있다는 공포?

모두 아니었다.

꿈으로 인해 느낀 불쾌감, 짜증 그리고 육체적 고통.

그 모두를 발생시킨 근원은 '비교'였다.

동료와 비교를 당해야만 했던 것.

절대적 고통이었다.

그런데 이토록 비교를 당하는 것에 몸서리를 치던 내가

평화로워야 할 가정에서는 아이들을 비교하고 있었다.

그게 참 아이러니다.

인생은 이기는 때보다 지는 때가 더 많은 법이다.

삶의 지혜는 '어떻게 상대를 이기는가?'보다

'어떻게 잘 지는가?'에서 나온다고 하는데

나는 비교라는 잣대를 들이대면서

아이들에게 이기기만을 강요했다.

몇 년 전의 일이다.
국어, 영어, 수학, 과학, 역사.
중학교 2학년이었던 첫째가
2학기 중간고사 때 치른 시험 과목이었다.
한창 멋 내고 놀고 싶은 나이에
시험공부는 얼마나 부담이 될까 싶어서
관심을 두고 바라보았다.

아들에게 시험이 끝났다는 전화가 왔다.
목소리가 나쁘지 않았다.
영어 몇 점, 수학 몇 점 말하던 아이가
국어 점수를 말할 때는 목소리를 키웠다.

"국어는 98점!"
당신이 아빠였다면 뭐라고 대답했을 것인가?
지금의 나라면 아이에게 한 단어로 말했을 테다.
"대박!"
하지만 그때의 나는 어리석었다.
"98점? 100점은 몇 명이니?"

98점?
100점은 몇 명이니?
아빠
나 98점이야!
완벽주의
경쟁
비교

사랑하는 아들의 자랑 하나도 받아줄 여유가 없었던 걸까?
아이의 경쟁자를 염두에 두고 100점 타령을 하면서
아이를 오직 직선 위에서만 키우려 했던 나는
좋은 아빠의 모습이 아니었다.

손에 닿는 모든 것을
황금으로 만들어 달라고 했던 미다스 왕이
사랑했던 딸을 쓰다듬어 황금으로 만들어버린 것처럼,
아이가 모든 과목에
만점을 맞았으면 좋겠다는 생각을 하던 나도
아이를 인간이 아닌 기계로 만들고 있었다.

아이를 많이 안아주고, 예뻐하고,
설령 공부를 못해도 잘할 수 있다고 격려하면서
밝고 맑은 아이로 만들어주는 부모가
자립심과 자신감 높은 아이를 만든다고 한다.
이 과정에서 생기는 아이의 용기는 평생 간다.
하지만 나는 그렇게 하지 못했다.
변명하자면 나는 완벽주의자에 가깝다.

뭔가 문제가 있으면 불안감에 잠을 못 이룰 정도다.
아무리 대단한 일을 이루어내도
작은 것 하나를 잘못하면 몸이 떨린다.
그래서일까? 남들만큼 해서는 성에 안 찬다.

하지만 이런 완벽주의 성향이
나에게는 긍정적으로 작동할지 몰라도
(최근엔 부정적으로 작동하고 있었음을 절실하게 깨닫긴 했다.)
사랑하는 아이들에게는
부정적인 영향을 주고 있었다는 것을 몰랐다.
끊임없이 다른 아이들과 비교하면서
그 여린 아이들에게 완벽주의를 앞세우고는
완벽해지기 전까지는
수치심과 죄책감을 느끼라고 강요하고 있었다.
아빠의 무지가 일으킨 참사였다.

비슷한 사례가 있다.
언젠가 한 고등학생은 자신의 어머니에게 이렇게 절규했단다.
“제발 남의 집 얘기는 하지 말아 줘.”

실패는 넘어지고도 일어나지 않는 것이다.
세상이 아이들에게 태클을 걸어 넘어뜨렸을 때
부모가 나서서 든든하게 아이를 끝까지 지지하고 믿어줘야
아이들은 비로소 일어날 힘을 얻는다.
그런데 믿고 격려하기는커녕
자신을 남과 냉정하게 비교하면서 닦달한다면
과연 아이들은 엎어진 그 자리에서 일어날 수 있을까?

언젠가 한 엄마가 자신의 실수를 고백한 것을 듣게 되었다.
아들을 공부 잘하는 아이들과 묶어서
과학토론대회에 참가시켰단다.
자기 나름대로 그룹을 잘 만들었다고 생각하면서
아이에게 이렇게 말했다.
"1등급 애들이랑 하는 건데 준비 잘해야지?"
당신이 아들이라면 어떻게 말했을까.
그 아들의 대답은 이랬다.
"그래, 나 4등급이다."

아들의 여린 가슴에 생겼을 상처가 느껴진다.

한편으로 나 역시 그랬음을 반성한다.

나도 이 엄마와 같았으니까.

"잘했어." 이 말 한마디를 하지 못했던 내가 부끄럽다.

"잘했어." 이 말 한마디를 듣지 못했던 내 아들에게겐 미안할 뿐이다.

그리고 고맙다고 말하지 못한 내가 아쉽다.

언젠가 뉴스에 이런 일이 보도되었다.

아들의 성적에 대한

엄마의 과도한 집착이 원인이 되어

안타깝게도 아들이 엄마를 살해한 것이다.

이 사건을 분석한 텔레비전 프로그램을 보게 되었는데

감옥에서 아들은 친구에게 이런 편지를 보냈다.

부모는 멀리 보라고 하지만, 학부모는 앞만 보라고 한다.

부모는 함께 가라고 하지만, 학부모는 앞서 가라고 한다.

부모는 꿈을 꾸라고 하지만, 학부모는 꿈을 꿀 시간을 주지 않는다.

마치 나에게 하는 말 같아 가슴이 철렁 내려앉았다.

세상은 다른 사람과 조화를 이루어 사는 곳임에도

아이 이외의 모든 사람을 경쟁자로 몰아세웠던 것을 후회한다.

아들에게 미안하고, 지금부터라도 잘하고 싶다.

아빠의 금칙어

×××××

98점? 100점은 몇 명이니?

다른 아이와 비교하는 말보다는 아이에게 집중하는 말을 해주세요.
아이가 자신감을 갖고 사랑받고 있다고 느낄 수 있도록.

못한 일보다
잘한 일에 집중할 것

대학교 때 행정고시를 공부했었다.

과정은 나름 치열했지만, 결과는 불합격이었다.

물론 현재의 내 상황에 만족하기에 지금은 기억도 잘 안 난다.

하지만 당시 불쾌하게 다가온 말 한마디만큼은 생생하다.

행정고시 2차 시험을 100일 앞둔 나에게

친구가 농담처럼 말했다.

"학과 성적도 좋은 놈이 행정고시까지 붙겠다고?

배 아파서 안 되겠다. 너는 100일 공부해라.

난 100일 동안 불합격하라고 기도할 테니."

나는 그저 웃고 말았다.

하지만 시험이 다가올수록 그 친구의 말이 마음에 걸렸다.
그 뒤로 시험에서 불합격이라는 결과를 받게 되자
친구의 저주 때문은 아닌가, 하는 의심이
지금까지도 마음속에 남아 있다.
쪼잔하다고 해도 어쩔 수 없다.
나쁜지 좋은지는 당하는 입장에서 판단하는 것이니까.

대학 졸업 후 그 친구의 모습을 본 적도, 볼 일도 없다.
전혀 다른 분야에서 일하고 있으니까.
하지만 나는 하나를 배웠다.
농담이라도 누군가의 앞날에 대해 부정적인 말을 하지 말 것!

부정적인 말은 전염력이 크다.
나도 그랬다.
이런저런 이유로 유튜버의 인터뷰에 응했었는데
수백 개의 칭찬 댓글 속에서 하나의 악플로도 마음이 흔들렸다.
그래서 지금은 댓글을 잘 보지 않는다.
이렇게 타인의 말에 상처받은 적이 있음에도
나 역시 누군가의 미래를 함부로 말했다.

장점이 아닌 단점에 집중하는 말투는 잔인했다.
축복의 말을 해줘도 부족할 판에 저주를 퍼부었다.
게다가 그 대상은 바로, 내 아이들이었다.

사랑하는 아이가 자신의 단점보단 장점에 집중하길 바랐다.
예쁜 내 아이가 모든 분야에 자신감이 넘치길 바랐다.
생각은 그랬지만 내 말투는 그와 정반대였다.
"잘 아네? 바로 그게 너의 문제야!"
"넌 수학은 잘하는데 국어가 영 아니다."
아이들은 이런 말을 듣고 어떻게 생각했을까?
'그래, 이 문제만 고치면 되겠다.'
'국어에 좀 더 신경을 쓰면 되겠다.'
이렇게 생각했을까?
아닐 것이다.
오히려 다음과 같이 생각했을 것이다.

'이 문제는 내가 어쩔 수 없어. 포기해야지.'
'국어는 역시 내 체질이 아니야. 국어는 포기!'
나는 이렇게 말해야 했다.

"너의 장점이 널 빛나게 해."

"점수보다는 최선을 다하는 게 중요해."

문제를 지적하면 할수록
자녀 마음 한구석에는 부정적인 생각이 가득해진다.
아이 자신도 몰랐던 약점이
마음 저 깊은 곳에 내재화되는 것이다.
아빠인 나는 그걸 몰랐다.
아이들의 단점에만 신경을 썼고 장점에는 눈을 닫고 살았다.
잘못된 것만 확대해서 호통을 치고 주눅이 들게 했다.
되돌아보면 나의 아이들은 정말 잘 자라주었는데.
밥 잘 먹고, 학교 잘 다니고, 아픈 데 없고,
부모에게 기쁨을 줬는데.

99개 잘하는 아이가 1개 못한다고 탓하고 화를 내면서,
마지막 하나까지 고치지 않으면
아빠의 마음이 풀리지 않는다면서,
아이의 부정적 측면만 보고 닦달하던 내 모습은
지금 생각하면 안타깝고 한심하다.

당하는 아이들은 어땠을까.

고 이건희 삼성그룹 회장이 사랑했다는 한국화의 거장이 있다.
어릴 적 부모를 여의고 사고로 왼손을 잃었으며
중학교도 마치지 못한 그의 이름은 박대성이다.
지금의 그를 있게 한 건 친척의 칭찬이었단다.
《중앙일보》에서 진행한 그의 인터뷰에서
이 사실을 확인할 수 있었다.

어릴 때 살던 친척 집에서 제사를 많이 모셨다. 1년에 열몇 번씩 제사가 있었는데, 머리맡에 병풍도 서 있고, 지방 쓰던 필기구도 있었다. 지방 쓰려고 오려놓은 종이에 병풍 그림을 흉내 냈더니 친척 어른께서 '우리 대성이가 그림에 소질 있다'라고 하셨다. 그 말 한마디였다. 보통은 지방 쓰는 종이에 애가 낙서를 해놓으면 99퍼센트 타박하지 않겠나. 지금 생각해보면 내가 부모도 없고 팔도 없으니, 기죽지 말란 의미로 그러신 것 같은데, 그 말 한마디가 날 화가로 이끌었다.

잘못한 것 99개를 타박하기 전에 잘한 것 1개만 칭찬해도
아이들은 용기를 내고 앞으로 발을 내디딜 수 있다.

반대로 자신의 단점을 집요하게 헤집는 부모로 인해
아이들은 마음의 상처를 입고 포기에 이른다.
만약 남이 내 아이들에게 "넌 못해!"라고 얘기했다면
머리끝까지 화가 났을 것이다.
그런데 아빠인 내가 그러고 있었다.
아빠의 화와 짜증은 걱정과 기대의 다른 이름이긴 하지만
그렇다고 해서 그것 자체가 정당화될 수는 없는 것이다.

이젠 아들에게 말할 수 있다.
"네가 하지 못할 거란 말을 해서 미안해. 진심도, 사실도 아니야."
아이들, 아내 그리고 그렇게 우리 가족은
절대 포기해선 안 되는 하나의 팀이라는 걸 명심하겠다.

아빠의 금칙어

×××××

넌 그것만 고치면 돼.

단점을 지적하기보다는 장점을 격려하고 지지해주세요.
아이만이 가진 매력으로 반짝반짝 빛나는 사람이 될 거예요.

말 한마디가 평생을 간다

아이가 부모에게 들었던 말은 어른이 되고 나서도
평생 따라다닌다.
그래서 아이에게 못된 말을 했다면
부모는 처음이라 잘 몰라서 그랬다고 변명하기엔
너무나 큰 실수를 저지른 것이다.

나의 말들은 어땠을까.
나는 조언이 아닌 설명에 익숙했다.
먼저 삶을 살아냈다는 것을 대단한 일인 양,
'내가 너희를 만들었다'며 창조주가 된 것 같은 오만으로,
아이들을 향해 상처 주는 행동과 말을 서슴지 않았다.

아이의 마음에 어떻게 남아 있을까?

일본에서 있었던 일이란다.
쉰셋의 남자가 있었는데 그는 히키코모리였다.
열여덟 살 때 여자아이들에게
못생겼다는 놀림을 받은 후 그렇게 되었단다.
누군가의 말 한마디 때문에
35년간 세상과의 단절을 선택한 것이다.
사람은 타인의 응원과 격려에는 힘을 내지만
질책과 무시에는 무기력해진다.
특히 어린 시절이라면 더욱더.

국어, 수학 등 학업 성적이 나빴던 한 초등학생의 사연도 있다.
수업 시간에 음표를 읽는 자신을 보고 음악 선생님께서
"넌 정말 대단하구나!"라면서 칭찬을 해주자
음악은 물론 기타 과목까지 잘하게 되었단다.
만약 그 음악 선생님께서 '넌 이것도 몰라?'라고 했다면,
과연 그 학생은 어떻게 되었을까?
비슷한 사례는 또 있다.

서울대, 고대, 연대 등 명문대 100명에게
"부모에게서 받은 도움 중 가장 유익했던 것은?"
이라는 질문을 했다.
1위가 무엇이었을까.
절반 이상인 53명의 학생이 격려와 칭찬이라고 했다.
(참고로 2위는 보양식 제공, 3위는 학교 통학 시 교통 지원이었다.)
부모의 따뜻한 말은 마음의 보약이라고 해도 과언이 아니다.

이제 나를 되돌아본다.
지금은 중학교 3학년인 둘째 아들이
작년, 그러니까 중학교 2학년 때
학교 시험에서 수학 점수를 잘 받아 왔다.
칭찬을 해줬다.
그런데 엄마와 아빠가 칭찬하는 모습을 보던
당시 중학교 3학년이던 첫째가 툴툴댔다.
"그럼 뭐 해, 영어 점수가 별로인데."

첫째 아들의 말투가 못마땅해 무심코 이렇게 말했다.
"수학을 잘해야 공부 잘하는 거야.

너, 지난번 수학 점수, 몇 점이지?
이제 우리 집에선 너만 잘하면 돼!"

남도 아닌 내 아들인데 이렇게 이리도 차갑게 말할 수 있을까?
아마 아들에게 기대하는 것이 있어서일 것이다.
그래도 이렇게 말해야 했다.
"맞아. 너는 이번에 영어 성적이 좋았지?
우리 아들들이 각자 좋아하고 잘하는 게 있으니 좋네!"

집에서만큼은 아이들이 따뜻함을 느껴야 한다.
집에서 아빠, 엄마에게도 따뜻함을 못 느낀다면
밖에서 만날 수많은 돌부리에 걸려 넘어져도
일어날 힘을 내지 못할 것이다.
부모가 자녀를 성적으로 평가한다면
행복해야 할 집은 '힐링 캠프'가 아니라
'태릉선수촌'이 되어 버린다.

열여덟 살 때 못생겼다는 놀림을 받은 아이,
열다섯 살 때 너만 잘하면 된다는 말을 들은 아이,

이 아이에게 남은 것은 '히키코모리'와 '고립'의 그늘일 것이다.
말 한마디, 태도 하나도 섣불리 표현해서는 안 되는 이유다.
집은 자녀가 자기다움을 유지하면서도 편히 쉴 수 있는 곳이다.
하지만 받아들이기 힘든 말만 하는 아빠가 있다면
아빠의 말만이 대화의 대부분을 차지하고 있는 환경이라면,
집은 안정을 취하는 공간이 아닌 불안의 장소일 뿐이다.

나는 아이들의 말을 잘 듣고 또 따뜻하게 보듬어주고 있는가.
아이들의 말이 아빠의 말보다 압도적으로 많아야 한다.
우리 집의 평화는 여기서부터 시작된다.

아빠의 금칙어

×××××

이제 너만 잘하면 돼.

아이가 경쟁 사회에 나가 잘 버티고 생활할 수 있는 힘은 가족의 든든한 지지와 격려 그리고 사랑이에요.

자녀의 실수를 탓하기 전에

우리 집 둘째가 어느 순간부터
몸이 뻥튀기한 것처럼 커지기 시작했다.
6학년이 되고, 사춘기로 들어가는 길목부터 그랬던 것 같다.
'이 아이를 내가 안고, 업고 다녔다니.'
믿어지지 않을 정도였다.
내가 입는 티셔츠를 입고 있어서
"너 그거 왜 입고 있냐?"라고 했더니
"어? 나한테 맞아서 내 것인 줄 알았어요"라며 능청을 부렸다.

신발 사 준 게 엊그제 같은데 작아서 발가락 아프다더니
문득 내 운동화를 마치 자기 것인 양 신고 다녔다.

물론 이것도 3년 전의 이야기다.
내 신발은 너무 작아서 지금은 신을 수도 없다.
내 티셔츠도 둘째가 입으면 배꼽티다.
이제 둘째 아들의 키는 189센티미터이고
발 사이즈는 300밀리미터다.
둘째 아들 옆에 서면 말 그대로 하늘을 우러러봐야 한다.
듬직하니 좋다.
물론 이건 모두 애들을 잘 먹인 아내의 공이다.

하지만 나에게 둘째는 여전히 아기다.
이렇게 생각하면 안 될 것 같은데, 뭐 어쩔 수 없다.
혼자 건널목을 건너게 하는 것조차도 내색을 안 하지만 걱정이다.

버스를 혼자 타는 것도 걱정이 된다.
집에 혼자 두는 것도 그렇다.
라면 끓여 먹는 게 일상인데
끓는 물에 데는 건 아닐까 걱정이다.
용돈이라도 슬쩍 줄 때 피어나는 천진난만한 웃음을 보면
아직도 귀여운 아기라는 생각이 절로 든다.

몸만 컸지, 발만 컸지, 아빠의 눈에는
열여섯 살인데도 여전히 귀엽다.

이렇게 사랑스러운 아들이지만 고백하자면
나는 둘째의 성장 과정에서 실수를 많이 했다.
마음을 다치지 않게 조심해서 행동하며 말했어야 했고,
자존감을 지켜주면서
함께 성장하는 친구처럼 대해야 했지만,
그렇게 하지 못했다.

둘째가 초등학교 6학년 때쯤이었던 것 같다.
텔레비전을 보다가 둘째에게 물을 가져다 달라고 했다.
함께 텔레비전을 보던 둘째는
아빠의 명령조 말에도 불평 하나 없이
냉장고에서 시원한 물을 꺼내어 컵에 따르고는
쟁반에 올리곤 조심조심 들고 왔다.

마침 텔레비전에서 재밌는 장면이 나왔다.
그 장면을 보며 깔깔대던 나를 본 둘째,

그거 하나도
제대로 못 해!
……
내가 일부러
그런 것도 아닌데…

텔레비전으로 고개를 돌리다가 그만 컵을 떨어뜨렸다.
유리컵이 아니었기에 깨지진 않았지만 바닥에 물이 흥건해졌다.
당황하는 둘째에게 나는 순간적으로 소리를 빽 질렀다.
“아이, 그놈 참. 그거 하나도 제대로 못 하니!”
내가 미쳤었나 보다.
내가 해야 할 일을 아이에게 시켰다.
아이는 그저 심부름을 잘하겠다고 노력하다가 실수를 했다.
그런데 돌아온 건 깨진 컵과 바닥에 흥건한 물,
그리고 아빠의 질책 가득한 고함 소리였으니
얼마나 당황했을까.

아들은 서둘러 손걸레를 갖고 와서 닦더니
자기 방으로 조용히 들어갔다.
나는 정말 나쁜 아빠였다.

사랑하는 아이에게 해서는 안 될 짓을 했다.
아빠를 위해 잘해보겠다고 노력한 아이를 칭찬해야 했다.
그 과정에서 생긴 실수는
아빠인 내가 오히려 미안해할 일이었다.

그런데 어떻게 아빠인 내가 짜증을 내고 질책을 한 것인지,
지금 생각하면 얼굴이 화끈거린다.
나는 이렇게 말했어야 했다.
"다치지 않았니? 괜찮아? 아빠가 미안해. 아빠 일인데."
자녀를 보는 어른의 눈은 달라야 한다.
여유를 두고, 기다릴 수 있어야 하며 사랑을 담아야 한다.
그럴 때 아이는 겨울을 이겨낸 봄처럼
오늘 하루도 성장할 수 있다.
많은 시간이 흘렀지만 둘째에게 용서를 구한다.

"텔레비전을 보면서 너에게 물을 가져다 달라고 한 것은
아빠가 하지 말아야 할 부끄러운 일이었어.
고맙게도 심부름을 하다가
실수로 컵을 바닥에 떨어뜨린 너를 보면서는
나의 게으름을 탓해야 했고, 너의 잘못은 없어.
아니 네 노력에 고마움을 느낀다.
아빠가 미안해. 정말 미안해."

생각보다 많은 부모가 나처럼

아이에게 욱 하고 항상 후회한다며 고민상담을 한다.

나와 같은 실수를 반복하지 않길 바라며,

만약 오늘도 욱 하고 화를 냈다면

오늘 밤 아이에게 미안함을 표현해보는 건 어떨까.

아빠의 금칙어

×××××

그거 하나도 똑바로 못 해!

어른도 종종 실수를 하는데, 아이가 실수하는 건 당연한 일이에요.
실수에 화내기보다는 그것을 반복하지 않도록 알려주세요.

4장

아이들은
부모의 말을 먹고 자란다

체벌은 아이들에게 상처로 남는다.

잘못한 걸 뉘우쳐서라기보다는 무서워서 부모의 말을 듣는다.

어른은 강하고 아이는 약하다는 현실을 깨닫고 복종한다.

매를 드는 아빠에게 유대감을 느낄 자녀는 세상에 아무도 없다.

아이의 말이 소음으로 들린다면

한 엄마의 하소연을 듣게 되었다.

여섯 살 딸이 있어요.

그런데 애가 너무 말이 많아요.

맞벌이라 주중에는 잘 모르겠는데

종일 붙어 있어야 하는 주말에는 두려울 지경이에요.

"엄마, 이거 알아요?"

"엄마, '인간'이 뭐예요?"

"엄마, 저 사람 왜 저러는 거예요?"

귀에서 피가 주르르 흘러나올 것 같아요.

아이의 장단에 맞춰주는 것에도 한계가 있지 않나요?

밥 먹을 땐 좀 조용한가 싶다가도 금방 질문을 쏟아냅니다.

"엄마, 이거 왜 이렇게 매워요?"

"엄마, 아빠도 이런 맛 좋아해요?"

"엄마, 이건 어떻게 만들어요?"

아이들이 원래 이렇게 말이 많나요?

언제까지 종알댈까요?

웃음이 나와서 혼자 한참을 키득거렸다.

그러다 문득 부끄러워졌다.

'나는 내 아이들의 질문을 어떻게 받아줬지?'

아이들이 어렸을 적을 회상해본다.

그땐 참 아빠를 잘 따라다녔었다.

주인 따라다니는 강아지처럼,

엄마 오리 쫓아다니는 새끼들처럼,

그렇게 다가와서는 세상을 향한 호기심을 가득 담아 묻곤 했다.

그때 나는 무심하게 말하곤 했다.

"뭐가 그렇게 궁금해? 다 크면 알게 될 거야."

"아빠, 바빠. 엄마한테 물어봐."

아이들은 어떻게 생각했을까.

'아, 아빠와는 대화가 안 통하는구나.'

그렇게 아빠와의 관계에 대한 기대를 접었을 것이다.

고등학교 1학년이 되고, 중학교 3학년이 되었으며,

중학교 1학년이 되어버린 아이들.

그렇게 커버린 아이들은 이제 나를 찾지 않는다.

아니, 아빠가 다가서면 경계하는 게 느껴진다.

'왜 다가오는 걸까?' 하면서.

자신의 이야기를 세상에 풀어내고 싶은 단계의 아이들이 있다.

이 단계를 결정적 순간이라고 해보자.

그때 긴장해야 한다.

부모는 세상 그 누구보다 먼저 대화 상대가 되어야 한다.

이때 "뭔 말이 많아?"라는 타박으로 아이를 대한다면,

자녀와 부모의 관계에서 대화는 불가능하다.

나는 결정적 순간에 아이의 말에 귀를 기울이고

정성으로 대답했어야 했다.

모르는 건 같이 찾아보고 (아이패드 던져주고 찾아보라 하지 않고)

함께 서점에도 다녀보고 (엄마에게 애들 교육 미루지 않고)
아이들과 접촉을 늘려가면서 대화를 확장해야 했다.

아이들은 세상에 대한 경험이 증가하면서 언어를 배운다고 한다.
러시아의 심리학자인 레프 비고츠키는
이를 사적 언어(private speech)라고 불렀는데
아이는 사적 언어를 통해 생각하고 계획한단다.
그런데 나는 내 아이들의 언어를 소음으로 다뤘다.
아이의 생각을 억압했고 계획을 무시했다.

아이가 말을 배우는 일은
아이 스스로를 성장시키는 과정이며
더 나아가 부모만이 누릴 수 있는 최고의 축복 중 하나다.
그 축복을 우리는 텔레비전, 노트북,
그리고 스마트폰에 넘겨버린다.
아이가 부모와 대화를 나누지 못하고
텔레비전, 노트북, 스마트폰만 바라본다면
스스로 상상하지도 생각하지도 못하는
사람이 되어갈 것이다.

영국의 의사이며 정신분석가인 존 볼비는
아동기에 부모의 사랑은 아이들의 정신 건강에 필수라 했다.
비타민과 단백질이 신체 건강에 필요하듯이 말이다.
선천적인 아이의 강력한 애착 형성의 본능을
아빠인 나는 충족시켜 줘야 했다.

언젠가 한 프랑스의 유명 작가가
창의력이 풍부한 위인 중 반은
아버지를 일찍 여의었다면서
아버지가 자녀에게 해줄 수 있는 일은
일찍 죽는 일이라 했다는데
극단적이긴 하지만 나름대로 생각해볼 말이었다.
'왜?'를 말하면서 웃으며 다가오는 아이들에게
아빠인 나는 이렇게 말했어야 했다.
"정말 알고 싶은 게 많은가 보구나. 좋아. 그건 말이야."

질문해주면 고맙게 여겨야 한다. 그것도 다 때가 있는 법이다.
알고 보면 그렇게 아빠에게 살갑게 대하는 바로 그때
아이들은 평생의 효도를 하고 있는 것과 같다.

그 순간을 놓치면 안 됐다. 되돌리고 싶다.

그 모든 날, 그 모든 순간을.

아빠의 금칙어

×××××

뭐가 그렇게 궁금해?

아이의 궁금증을 최대한 풀어주세요.
궁금증이 생길 때 아이의 생각은 더 자라납니다.

부모는 아이의 첫 번째 선생님이다

어느 날, 첫째 아들의 무뚝뚝함에 혀를 차던 아내가
나를 돌아보며 말했다.
"아주 닮아라, 닮아. 기도를 했네."
또 다른 날, 둘째 아들이 잘 토라져서 한숨을 내쉬던 아내,
나를 쳐다보며 말했다.
"아주 닮아라, 닮아. 기도를 했네."

나쁜 건 내 탓, 좋은 건 자기 탓인가?
기분이 영 좋지 않다. 하지만 뭐라고 해야 할까.
첫째의 무뚝뚝함이나 둘째의 소심함을 발견할 때마다

솔직히 말해서 묘하게 나와 닮은 데가 있음을 느낀다.
그래도 나는 아내의 말에 반기를 들고 싶다.
내가 만일 셋째인 딸을 보면서 마음에 안 든다는 듯이
"아주 엄마랑 똑같네, 똑같아!"라고 한다면 어떤 표정을 지을까.
아쉽게도 막내가 아빠 마음에 안 드는 모습을 보인 적은 없지만.

아이들은 부모를 닮는다.
닮는다는 건 어른을 보고 배운다는 말과 같다.
가장 가까운 누군가가 그렇게 말하고 그렇게 행동하기에
아이들은 그렇게 말하고 그렇게 행동할 뿐이다.
우리의 아이들은 아빠와 엄마의 얼굴을 보고,
아빠와 엄마의 뒤통수를 따르면서
그렇게 자신을 만든다.

발달심리학에선
이를 '개인 모델링(personal modelling)'이라 하는데
아이들은 기본적으로 부모와 닮기를 원하기 때문에,
부모의 모습과 유사하게 자신을 변형하려고 시도한다는 것이다.
그러니 누구를 탓할 것인가.

부모는 자녀의 모습을
자기 자신을 비추는 거울처럼 생각해야 한다.
하지만 나는 아이들이 내가 생각하는 것과
다른 행동이나 말을 하면,
인상을 팍 쓰면서 이렇게 말해버리곤 했다.
"아빠가 그렇게 가르쳤어?"

아이들이 얼마나 답답했을까.
아빠가 가르쳤다고 인정해야 한다.
"너희들, 내 말과 행동, 그대로 따라 해야 해!"
이렇게 지시하며 가르치지는 않았지만,
일상에서 자연스럽게 각인시켰던 것이다.

아이의 첫 번째 선생님은 바로 부모다.
아이들의 말과 행동은 결국 가정교사인 아빠와 엄마가
일상의 모든 순간에 직간접적으로 가르친 결과다.
아버지의 죄는 결국 아들의 고통으로 돌아온다는 말을 기억하면서
이제 나는 아이들의 말과 행동이 마음에 들지 않더라도
조금은 여유를 두고 바라보려고 노력한다.

다른 사람 탓으로 돌릴 생각도 하지 않겠다.

다른 누구도 아닌, 바로 내 아이들이니까.

아빠의 금칙어

×××××

아빠가 그렇게 가르쳤어?

아이를 지적하기 전에 왜 그렇게 행동했을까 그 마음을 들여다보세요. 생각지도 못한 곳에서 문제의 실마리를 발견할 수 있어요.

아빠의 문제 해결 욕구가 아이의 문제 해결 의지를 없앤다

첫째와 둘째가 초등학생 티를 벗지 못했던
중학교 2학년, 중학교 1학년 때의 일이다.
그때는 별것 아닌 일 가지고 둘이 참 많이 싸웠다.
대단한 것을 두고 다투면 그런가 보다 하겠는데
싸움의 소재가 유치하기 이를 데 없었다.

"내 새우깡 왜 먹었어?"
"내가 먼저 보고 있는데 채널 왜 돌려?"
"네가 신은 거 내 양말이지?"
"내 옷 왜 밟고 다니느냐고?"

나도 어렸을 적엔 저렇게 했을 테지만
다투는 모습이 보기 싫어서
슬그머니 참견하는 경우가 꽤 많았다.
그런데 개입의 방식에 문제가 있었다.

특히 한 살 어리기에 아무래도 형에 비해 말재주가 부족하던
둘째 아들에게 더 면박을 주었다.
눈치가 빠른 형은 억울하다는 표정만 짓는데
동생은 눈물 콧물 쏟으며 울곤 했다.
얼른 집안의 평화를 맛보고 싶었던 나는,
눈치만 보는 첫째는 놔두고 소리를 높이는 둘째만 타박했다.
"뭔 말이 많아? 가만있는데 형이 너를 괴롭힐 리가 있어?"

나는 공감은커녕 문제만 해결하려는 강박적인 모습을 보였다.
아이가 답답하다고 할 때 그 답답함의 실체를 보는 대신
누군가의 잘못이라고 빨리 단정 짓고 상황을 끝내려는
게으른 아빠의 생각이 거친 말투로 튀어나온 것이다.
정신건강의학과 전문의 오은영 박사가 쓴
『어떻게 말해줘야 할까』에서는

자자, 빨리 사과하고 화해하자.

아이의 말에는 생각보다 많은 감정이 들어있고,
그런 감정이 든 마음의 주인이 아이라는 걸
인정해주어야 한다고 말한다.
하지만 나는 아이의 감정을 받아들이는 데 미숙했다.
"답답하지?"
"그랬구나!"
"짜증 났겠네?"
"괜찮아. 마음 풀어!"

이걸 못 했다.
아이의 감정을 인정하고 수용하는 대신에
문제가 생긴 원인을 찾아내어 지적하려고만 했다.
그러면서 어른스럽게 합리적으로 문제를 해결했다고 여겼다.
문제가 생겼을 때 잘했느냐, 잘못했느냐를 먼저 캐묻던
냉정하고 차가운 아빠의 말투는
아이들에게 상처를 줬을 것이다.
그래놓고서는 그것이 아빠의 말투,
어른의 언어인 줄로 착각했으니.
사람이 힘든 건 자신에게 닥친 어려움 때문이 아니라고 한다.

그것보다 더 힘든 건 잘못을 들춰내는 누군가 때문이란다.

어린 시절 아이들이 서로 좋은 관계를 맺지 못했다면

그건 아이들의 잘못이 아니다.

제대로 아이들을 훈육하지 못한 부모 탓이다.

아빠의 금칙어

×××××

가만히 있는데 형이 너를 괴롭힐 리가 있어?

상황을 해결하려고 성급하게 잘잘못을 가리지 마세요. 누구의 잘못도 아닌 이해관계의 차이 때문에 갈등이 생기기도 합니다.

'1+1=3'이라고 말하는 아이를 인정할 수 있을 때까지

나는 좋은 것을 좋다고 하기보다는
나쁜 것을 나쁘다고 말하는 것에 더 익숙하다.
장점을 보기보다는 단점을 찾으려 들었고,
좋은 것도 나쁘다고 습관처럼 말하고 다녔다.
집에서도 마찬가지였다.
아내에게서도, 그리고 사랑하는 아이들에게서도
부족한 부분을 찾아내려 애썼다.

꽤 긴 시간 동안 어둠 속에서 넘어지고 엎어지면서 살았다.
그 과정이 힘들었고 마음에 생채기도 많이 생겼다.
그렇게 세상의 날카로운 잣대로 상처받았으면서도

나는 아빠가 되어 아이에게 엄격한 잣대를 들이밀고 있었다.
부끄럽지만 나는 강자에겐 주눅 들면서, 약자에겐 강했던 것 같다.
나의 단점을 지적하는 사람에겐 별다른 말도 못 하면서,
정작 집에 들어와서는
아이들의 잘못을 찾아내어 지적하곤 했다.

사회에서라면 그런 사람을 최대한 만나지 않으면 된다.
만나게 되더라도 대화를 줄이면 된다.
하지만 아이들은 무슨 죄인가.
부모와 자식으로 만나 피할 곳도 없지 않은가.
아빠라는 권력자를 마음대로 피할 수가 없었던
아이들이 겪어야 했을 답답함을 이제서야 깨닫는다.

아빠의 말이 부당하다고 생각돼도 참아야만 했던
아이들 마음에 상처가 생긴 건 아닌지
마음의 상처 때문에 움츠리며 세상을 살아가게 된 건 아닌지
지금에서야 걱정이 된다.
아빠의 말에 대꾸하는 아이를 응원해주지는 못할망정
버릇없는 아이라는 꼬리표를 붙이거나 혹은 무시했던 내가 밉다.

내가 함부로 말할 때 "당신의 잘못이오!"라고 말해주는

심판관이라도 집에 있었다면 좋았겠지만.

그런 사람이 있을 리가 없었다.

(아내에게도 마찬가지였으니.)

아빠는 무소불위의 권력을

함부로 휘둘러대는 독재자가 되어서는 안 된다.

하지만 나는 권위를 미사일처럼 배치하고

아이들이 약간의 도발이라도 할라치면

금방이라도 미사일을 발사할 준비를 하고 있었다.

언젠가의 일이다.

첫째와 둘째가 다투는 장면을 목격했다.

놔두면 둘이 해결할 수 있는 상황이었는데 내가 굳이 개입했다.

아이들을 불러서 일장 연설을 하는데 둘 다 다소곳하지가 않았다.

감정이 안 풀렸는지 씩씩대는 아이들의 모습이 눈에 거슬렸다.

내 말에 "그게 아니라요!"라고 말하는 첫째에게 소리를 빽 질렀다.

"뭐가 아니야! 나가! 집 밖으로. 잘못한 게 생각나면 그때 들어와!"

아마 첫째가 아홉 살 무렵이었을 것이다.

밤늦은 시간이기에 잠옷 차림이었던 걸로 기억한다.
게다가 그날은 유난히 추운 겨울날이었다.
지금이라면 명백한 아동 학대였다.
아이는 어두운 아파트 철문 앞에서 무슨 생각을 하고 있었을까.
그 장면을 떠올리는 것만으로도 온몸에 소름이 돋는다.

현명한 아빠는 해야 할 말이 있기에 말을 하며
말을 할 때도 예의를 갖출 줄 안다.
엉터리 아빠는 말을 해도 된다고 생각하기에 말을 할 뿐
예의를 갖출 줄도 모르고, 상황도 고려하지 않는다.
나는 엉터리 아빠였다.

아빠와 자녀의 관계는 이해가 아닌 인정의 영역이라는 말이 있다.
'1 + 1 = 2'를 알아채는 건 이해요,
'1 + 1 = 3'을 받아들이는 건 인정이다.
진심으로 '나와 네가 다르다'라는 것을 인정할 줄 아는 사람이라면
부모와 자식 관계에서도 그것을 적극적으로 수용하는 게 맞다.
내 기대와 다른 자녀의 규칙까지 인정하는 것이
진정 부모가 자녀에게 줄 수 있는 사랑이다.

나는 아이가 나와 다른 생각을 할 때마다 모두 틀렸다고 말했다.
이미 한물간 과거의 경험을 정답이라고 제시했다.
수긍하지 않는 아이들의 말에는 버릇없다고 탓했다.
아이에게 선택권을 주지 않으면서, 아빠의 경험이 옳다며,
스스로 생각하고 판단하는 자유를 빼앗았다.

아이는 앞세우고 아빠는 뒤에 가면서
이렇게 말했어야 했는데.
"나는 이렇게 생각하는데, 더 좋은 것이 있다면 네가 해라."
가정의 모든 영역에서 시시비비를 가리는 아빠,
아이들의 입을 틀어막는 아빠는 더 이상 되고 싶지 않다.

아빠의 금칙어

×××××

잘못이 생각날 때까지 들어오지 마!

아이에게 생각할 시간을 주는 것은 좋지만,
물리적인 강제를 가한다면 학대입니다.

세상과 맞짱 뜰 줄 아는 아이가 되길 원한다면

내 성격을 굳이 말해본다면 이성적이면서도 무뚝뚝한 편이다.
더 정확하게 말하면
이성적이라기보다는 계산적이고 무뚝뚝하기보다는 냉정하다.
좋은 성격이라고 말할 순 없지만 나쁘다고 생각하지도 않는다.
지금까지 나를 지켜내면서 얻어진 특징일 뿐이니까.

어쨌거나 계산적이고 냉정한 성격상
쓸데없는 감정의 낭비를 극도로 싫어한다.
웬만하면 벌컥 화를 낸다거나 하는 경우가 거의 없다.
큰소리 내는 걸 혐오한다.
큰소리 듣는 건 생각만 해도 소름이 끼칠 정도다.

부정적 감정은 물론 긍정적 감정조차 낭비라고 생각한다.
로맨틱한 말과도 거리가 멀다.
아내가 나에게 갖고 있는 불만 중 하나가
사랑한다는 표현이 부족하다는 건데
그건 나에게 정말 힘든 일이다.

그런데 딸과의 관계에서는 예외다.
지나칠 정도로 로맨틱한 것이 문제다.
(딸은 집착이라고 표현한다.)
"사랑한다", "좋아한다" 등을 끝도 없이 외치는 아빠로 돌변한다.
하지만 아빠를 바라보는 막내의 표정은 늘 덤덤하다.
"아빠, 뭐야? 나한테 너무 집착하지 마."
그런데 참 이상한 게 아들과의 관계에선 이런 것이 없다.
그저 팍팍한 건조함만이 극에 달할 뿐이다.

나는 아들들을 직장에서 후배 다루는 꼰대 상사처럼 대하곤 한다.
예를 들어 막내딸이 뭔가 잘못하면 내가 딸을 찾아가는데,
두 아들이 뭔가 마음에 들지 않으면 호출한다.
"아빠 앞으로 와서 똑바로 서봐!"

나는 의자에 앉아 팔짱을 끼고 얼굴도 쳐다보지 않은 채
어색한 표정인 아들을 세워놓고 대화를 하는 것이다.
십 분이고, 이십 분이고, 심하면 한 시간이 넘도록.
인상을 써가면서 아빠가 하고픈 말만 늘어놓는다.
대부분 아들을 위해 하는 말이었다.
하지만 가만히 세워놓고 쏟아내는 일방적인 말들이
아빠 말만 들으라는 협박일 뿐이라는 걸 이제 나는 안다.

아들은 나와 대화할 때 항상 기울어진 운동장에 서 있었던 셈이다.
아빠에게 절대적으로 유리한 환경에서 대화를 시작하니,
그 대화가 제대로 이루어질 리가 없었다.
어린 코끼리를 기둥에 묶어두고 때리면서 사람 말을 듣게 하는
태국의 코끼리 조련법과 내 대화법이 다를 게 뭐였을까?

왜 나는 앉아서 팔짱을 끼고 있었나.
왜 아들은 서서 두 손을 공손하게 모으고 있어야 했나.
왜 아들은 아빠의 말에 고개를 끄덕일 수밖에 없었나.

아이들에게 조금만 부드럽게 대했어도

얼마든지 편하게 대화를 나눌 수 있었는데
나는 그렇게 하지 않았다.
그냥 내 말만 하면 된다고 생각했고, 강압적 분위기를 유지했다.
아이들이 고개를 끄덕이면 내가 잘 가르치고 있다고
뿌듯해하기까지 했다.
"할 말이 있는데 여기 잠깐 앉아볼래?"
좀 더 다정하게 말하지 못했다.

세상의 차별과 맞닥뜨렸을 때, 부당한 일을 당했을 때
나는 분노하고 짜증 내면서도
정작 세상과 맞짱 뜰 준비를 해야 하는
아이들을 말 한마디 하지 못하도록 옥죄었다.
아들들이 중세시대 노예도 아닌데
아빠의 말이 마치 세상의 전부인 것처럼,
이렇게 말해주는 일이 대단한 은혜인 것처럼 떠벌이던
내 입을 꿰매고 싶다.

"그렇게 행동한 이유가 뭘까? 아들 생각이 궁금하네."
"아빠 말이 틀리지 않았을까 겁난다. 어떻게 생각해?"

"내가 모르는 너의 생각이 있겠지? 몰랐다면 미안해."

이런 말들이 그토록 어려웠을까?

아이들은 곧 성인이 된다.

그때는 자신이 뭐가 될지, 무엇을 할지 스스로 결정해야 한다.

그 결정을 누군가의 손에 맡기지 않게 하려면

우선 아빠의 말투와 행동부터 달라져야 한다.

그것이 곧 닥쳐올, 냉혹하고 잔인한 세상과 맞짱 뜰

아이들에게 용기를 불어넣어 줄 테니까.

아빠의 금칙어

×××××

아빠 앞으로 와서 똑바로 서봐!

진정한 대화를 원한다면, 아이에게 오라고 하기 전에 아이에게 먼저 다가가 보세요. 아이의 마음은 이미 활짝 열려 있을지도 몰라요.

사랑의 매라는 폭력

한때 '사랑의 매'라는 말을 믿었다.

사랑한다는 이유로 폭력을 저질렀다.

그때의 고통스러운 기억이 아이들에게

아직도 상처로 남았을 것 같아 마음이 아프다.

아이들이 모두 잊고 그런 일은 없었다고 생각해줬으면 좋겠다.

하지만 과연 그럴 수 있을까?

마음의 상처가 어떻게 쉽게 치유된단 말인가.

나와 웃으며 대화하지만

마음속 어딘가에 콕 박혀 있을 아빠의 무서운 모습 때문에

아이들은 종종 불안하고 두려울 것이다.

내가 어릴 적에는 부모님과 학교 선생님께서
체벌하는 게 당연했다.
체벌 문화라고 표현하기까지 했다.

하지만 시대가 바뀌었다.
체벌은 폭력이고, 문화라는 말 앞에
체벌을 쓰는 건 잘못된 일이라는 걸 이제는 안다.
살인이나 강간, 사기, 폭력 같은 말에 '문화'를 붙여
마치 사회의 관습처럼 여기지는 않으니까.
이런 비윤리적 행위는 사라져야 마땅하다.
특히 부모가 자녀에게 행한 폭력은,
폭력의 이유, 폭력의 강도, 폭력의 행태에 관계없이
'무조건 잘못'이다.
누군가를 때리는 행위에 예외는 없다.

아이가 잘못했을 때 때리면서 훈육하면 최악의 기억으로 남지만
단호하게 설명하고 위로와 격려로 다독이면
극복의 경험이 된다는 멋진 말을 들은 적이 있다.
아빠가 되기 전에 알았어야 했는데 아쉽다.

나는 사회생활을 할 때도, 친구 관계에서도 여유가 없었다.
조금 더 기다려줘야 하는 아이들과의 관계에서도 마찬가지였다.
여유가 없으니 급했고, 급하니 상대방의 상황을 헤아리지 못했다.
아이들의 모습이 눈에 거슬렸을 때,
훈육이라는 핑계로 자제하지 못하고 폭력을 썼다.
나의 자제력이 부족해서 일어난 최악의 참사였다.
아이들에게 필요한 것은 폭력이 아니라,
잘못을 분명히 바로잡고 설명해주는 일이다.
안정과 평화, 그리고 기쁨을 깨지 않고 설명하는 게 관건이다.

체벌은 아이들에게 상처로 남는다.
잘못한 걸 뉘우쳐서라기보다는 무서워서 부모의 말을 듣는다.
어른은 강하고 아이는 약하다는 현실을 깨닫고 복종한다.
매를 드는 아빠에게 유대감을 느낄 자녀는 세상에 아무도 없다.

"꽃으로도 때리지 말라"라는 말처럼
그 어떤 체벌도, 사랑의 매도 안 된다.
사랑의 매는 때리는 사람의 관점에서 생긴 단어일 뿐이다.
맞는 사람의 입장에서는 그냥 맞는 것일 뿐.

사랑의 매랍시고 아이를 때리는 부모에게
만일 똑같이 타인에게 맞아보라고 한다면
흔쾌히 맞을 사람이 누가 있을까?
말 한마디가 평생 마음에 상처로 남는 경우도 있는데, 폭력이라니.
아내를 때리는 남편도 아내를 사랑한다고 말한단다.
아내 입장에서는 사랑은커녕 모멸이고 멸시일 뿐이다.
아니, 형사처벌의 대상이다.

이제 막 세상을 알아가는 아이들을 향해
체벌한다는 명목으로 매를 들었던 나의 행동은
아빠의 일방적 감정에서 나온 것일 뿐 진정한 사랑이 아니었다.
혹시 아이들이 아직 유아기에 있다면 한번 물어보라.
아빠가 무슨 말을 할 때 가장 무서운지를.

"아빠 화났어."
"맴매 맞자."

아이들을 두려움에 떨게 해서는 안 된다.
한 그루의 나무로 수만 개의 성냥개비를 만들 수 있지만 수만 그루의 나무를 불태우는 데는 성냥개비 하나면 족하다.
아빠가 아이에게 가하는 체벌이 바로 그 성냥개비와 같다.
아이에게 당근을 핑계로 체벌이라는 채찍을 휘둘러서는 안 된다.
그런 채찍은 누구에게도 필요치 않다.
아이에게는 오직 당근과 부드러운 훈육만이 필요하다.

박힌 못을 빼낼 순 있어도 구멍은 계속 남아 있다.
내 아이들에게 남아 있는 구멍을 어떻게 채워야 할까?
부디, 나와 같은 고민을 하게 되지 않기를.

아빠의 금칙어

×××××

네가 잘못해서 맞는 거야.

폭력은 어떤 이유에서든 용납될 수 없습니다.
사랑의 매라는 이름의 폭력도 말이죠.

세상은 맘대로 되지 않는다는 진리를 알려주는 법

자녀와 대화를 할 때 아빠는 두 가지를 점검해야 한다.
첫째, 아빠의 말 분량을 점검해야 한다.
말이 길어지면 불필요한 감정이 자신도 모르게 새어 나온다.
혀가 만드는 말이 맹독을 바른 화살처럼 아이의 감정을 벤다.
스스로 말이 많아진다는 걸 알아채면 말을 멈춰야 한다.

둘째, 아빠의 말 내용을 점검해야 한다.
"너는 도대체 왜 그러니? 평생 그럴 거야?"
"아빠가 말하는데 어디 눈을 똑바로 뜨고 대드는 거야!"
"너는 왜 늘 변명을 하니? 진짜 이상한 아이네."
사실은 사라지고 거친 감정만 남은 말들은 아빠의 말이 아니다.

그 감정의 배설물 속에서 아이는 상처받는다.
아빠의 말투가 항상 검증 대상이 되어야 할 이유다.

이렇듯 자녀와의 대화는 조심스럽게 이루어져야 한다.
단, 조심스러운 대화는 좋지만,
해야 할 말조차 하지 못하면 안 된다.
다툴 땐 다퉈야 한다.
사실 나는 누군가와 다투는 일이 귀찮고 분쟁을 싫어한다.
더군다나 아이들과는 마냥 좋은 일만 있기를 바랐다.
빠르게 해결하려는 욕망이 앞섰고
결국 어수룩한 타협을 택할 때도 많았다.

식사 시간임에도 유튜브를 보겠다고 떼쓰는 초등학생 딸에겐
"밥 먹자. 다 먹고 나서 동영상 실컷 보여줄게"라고 했고,
학원 숙제 얘기만 하면 인상을 쓰는 중학생 아들에겐
"이거 다 하면 티셔츠 사줄게"라고 했다.
짜증 섞인 질책을 하거나 매를 드는 것보다야 좋겠지만
이도 저도 아닌 것을 선택한 것도 실수였다.
아이들이 사탕을 사 달라고 울면서 떼를 쓸 때

'그래. 졌다!'라면서 사탕을 사 주고 울음을 멈추게 하는 것보다
"울지 말고 필요한 것을 말로 부탁해줄래?"라고 제안해야 했다.
엄마가 정성스레 차린 밥을 앞에 두고도 텔레비전을 보는 딸에겐
"음식부터 맛있게 먹는 게 맞지 않을까?"라고 권했어야 했다.
하지만 아이들이 아빠의 권유에
쉽게 응하는 것도 쉽지 않을 것이다.
이때는 어떻게 해야 할까.

『프랑스 아이처럼』이라는 책에서 힌트를 얻었다.
저자는 미국인 기자인데 영국인과 결혼 후
프랑스 파리에서 살면서 아이를 낳고 양육을 하게 된다.
아이가 생후 18개월 되던 때
육아에 지칠 때쯤 특이한 경험을 한다.
프랑스 아이들의 전혀 다른 태도 때문이었다.

아이들은 식당에 차분히 앉아 있고,
놀이터에서도 울며 떼쓰는 아이가 없었다.
부모가 친구들과 얘기하거나 전화를 할 때 칭얼대지도 않는다.
이 책의 저자는 이런 모습이 가능한 이유를

프랑스 부모의 말투에서 찾았다.
프랑스 부모들은 공공장소에서 아이들이 칭얼대면
"농(non, 안 돼)!"이라고 하면서 부정적으로 대응하지 않았다.
대신 "아탕(attend, 기다려)!"이라며 기다림을 권했다.

이런 문화에는 세상은 혼자 살아가는 곳이 아니며
모두를 위한 시간과 공간이 있다는 걸
어릴 적부터 배워야 한다는 생각이 포함되어 있다.
세상은 자기 마음대로 되지 않는다.
아이들도 이를 알아야 한다.
문제를 피해 다니면 행복을 만나기도 힘든 법이다.
행복은 문제를 풀어가는 과정에서 얻을 수 있기 때문이다.

"이 상황을 잘 넘기면 원하는 것을 줄게!"
"이 상황을 잘 넘기면 모두 다 네 맘대로 해!"
문제를 풀어가기보다 그저 회피하려는 이런 말들은 옳지 않다.
그런데 내가 그랬었다. 아이들과의 충돌을 피하고 싶다고,
돈으로, 아니면 조건을 내걸면서 말이다.
"안 돼!"라는 냉정한 말만큼이나

무작정 해결하기 위해 내뱉는 아빠의 말들이

아이들의 사회성을 갉아먹은 건 아니었는지 걱정이 된다.

아빠의 금칙어

×××××

안 돼!

아이에게 사회 구성원으로서 지켜야 할 것들을 가르쳐줄 때, 부정적인 말보다는 객관적인 사실을 전달하는 것이 중요해요.

아빠의 욕망을
아이에게 강요하지 말 것

아버지가 첫째를 참 귀여워했다.

그 마음은 첫째에 대한 기대로 이어졌다.

아이가 말하기 시작할 무렵,

아버지는 이 말을 가르쳤다.

"나는 우리 집안의 기둥이다."

아이는 할아버지가 오실 때마다 앵무새처럼 이 말을 했고,

그런 첫째의 모습을 보면서 할아버지는 흐뭇해하셨다.

할아버지만 그랬을까.

아빠인 나 역시 마찬가지였다.

사실 이 말에 나쁜 뜻이 있는 건 아니지 않은가.

따라 해봐.
나는 우리 집의 기둥이다.
하하하
멈춰!

‘너를 믿는다’는 말은 좋은 뜻 아닌가.
그때는 그렇게 생각했다.
하지만 조심해야 할 말이었다.
이 말에는 두 가지 문제가 있다.

첫째, 젠더 감수성의 문제다.
젠더 감수성은 다른 성(性)과 삶에 대한 공감 능력이다.
딸이 보는 앞에서 아들을 두고 ‘기둥’이라고 표현하는 것은
성에 대한 고정관념을 만드는 표현이다.
아들이 기둥이면 딸은 뭔가? 마룻바닥인가?
불쾌한 성차별의 언어다.

사실 나의 말들 속에도 문제가 될 만한 잘못된 말이 상당했다.
(둘째 아들에게) “남자가 무슨 부엌에서 요리를 해?”
(셋째인 딸에게) “설거지하는 거 보니까 시집보내도 되겠네?”
남자다움, 여자다움이 아닌 ‘나다움’을 가르쳐야 마땅함에도
나는 그렇게 말하지 못했다.
남자라서, 여자라서가 입에 붙어 있던, 잘못된 말투였다.

둘째, 긍정의 폐해에 관한 문제다.

말은 행동을 이끈다고 한다.

기대 가득한 말을 건네면, 상대는 기대에 부응하려고 한다.

그런데 기대에 미치지 못하는 행동을 한다면,

고스란히 부담으로 남게 된다.

'기둥'이라는 말을 듣던 아이가

기둥답지 못한 결과를 가져오게 되었을 때의 부담감,

그 압박감을 도대체 어떻게, 어디에 해소할 수 있단 말인가.

아이는 어른의 즐거워하는 표정을 먹고 자란다.

어른의 요구가 자신의 한계를 넘어선다고 하더라도

분위기를 알아채고 어쩔 수 없이 말과 행동을 하게 된다.

"너는 우리 집안의 기둥이다"와 같은 말은

알게 모르게 아이의 잠재의식에 무거운 짐이 된다.

부담이 늘어나면 자신감은 줄어든다.

잘못하면, 착하지 못하면,

사랑받지 못하고 버림받을 거라는

착한 아이 콤플렉스에 시달리게 될지도 모른다.

할아버지야 손자가 귀엽고 믿음직해서 하는 말이었겠지만,
나는 그 말을 들은 아들의 부담을 이해해야 했다.
"너는 무조건 잘할 수 있어."
"네가 아니면 누가 해?"
"1등 못 할 게 뭐야?"
이런 말들은 솔직히 부모의 욕망을 드러내는 말일 뿐이다.
아이에겐 부담이 되는 말이다.

지금이라면 이렇게 말할 것 같다.
"너를 응원한다."
"너를 사랑한다."
"괜찮아."
결과가 아닌 과정을 묵묵히 격려하고 지지하는 아빠가 되고 싶다.
"기둥이다", "공부를 잘해야 한다" 등의 말은
얼핏 보면 좋아 보이지만
기대에 미치지 못한다면 아이는 절망감을 느낄 테다.

세상의 많은 아빠는 어제도 오늘도 사랑하는 자녀를 위해
무엇을 해줄까, 무엇을 말할까를 고민한다.

하지만 자녀에게 해줄 말과 행동을 고민하기보다는
하지 말아야 할 말과 행동을 고민하는 편이 현명해 보인다.

아이를 격려하고 있는지, 아니면 부담을 지우고 있는지
아빠가 먼저 자신을 잘 살펴보는 게 먼저다.

아빠의 금칙어

×××××
넌 우리 집의 기둥이다!

아이를 격려하기 위해 하는 말들이 오히려 아이에게 부담을 주는 경우도 있어요.

스스로 길을 찾는 아이가 되길 원한다면

구글을 거쳐 '포켓몬 고'의 총괄 디자이너로 일한 한국계 미국인
데니스 황은 자신의 성공 비결로
재미와 노력을 꼽았다.
누구든지 좋아하는 분야가 한두 개는 있는데
그것을 놓치지 않고 집요하게 파고드는 것이
'나만의 길'을 찾아내는 방법이라는 것이다.

그가 이러한 삶의 태도를 갖게 된 것은
아버지의 전폭적인 지지 덕분이었다.
학교에서 공부는 하지 않고, 그림만 잔뜩 그리다 돌아와도
혼나지 않았다며 아버지에게 감사했다.

아이에게 자율권을 부여하여 스스로 결정을 내리게 하고
그 과정에서 자신의 책임을 인식하게 하는 것은
사회의 구성원으로서 활동할 준비를 하는
자녀에게 좋은 영향을 미친다.

데니스 황의 아버님과 나를 비교해본다.
나의 말투와 행동은, 아빠로서 어떠했던가.
"내가 그럴 줄 알았어. 어른이 하라는 대로 했으면 되는데."
"아빠 말을 들으면 자다가도 떡이 생긴다는 말, 몰라?"
"네 마음대로 할 때부터 알아봤다."
아이들이 나쁜 길로 빠지지 않게 보호하기 위한 말이라 믿고
스스로 괜찮은 아빠라면서 미소 짓고 있던 사람이 나였다.
데니스 황 아버지의 발끝도 따라가기 힘든 사람이었다.

나는 사랑하는 아이들을 타자화했다.
타자화는 나와 너, 우리와 그들을 이분법적으로 가르는 생각이다.
내가 멀리하고 싶은 남을 내 울타리 밖으로 밀어내는 것이다.
아이들이 법률적으로는 내 울타리 안에 있다고 생각하긴 했지만
실질적으로는 내 울타리 밖에 있다고 생각하면서

무시하고 우습게 여겼다.
아이들을 내 소유물로 바라봤기 때문이다.
아이를 나와 다른 인격체를 지닌
독립체라고 인정하지 않아서다.

실제로 세상 속에서도 비슷한 일들을 찾아볼 수 있다.
가끔 뉴스에서 일가족 동반 자살을 보도하는데
적어도 가족에 한해서 '동반 자살'은
절대 써서는 안 될 단어다.
아이를 부모의 소유물처럼 생각하면서 쓴 단어이기 때문이다.
왜 부모 마음대로 자녀의 생사를 결정하는가.
'자녀 살해 후 자살'이라는 표현이 더 맞지 않나 싶다.

노키즈존은 또 어떤가.
아이들이 뭘 안다고 아이를 혐오의 대상으로 몰아가는가.
아이를 인간으로 보지 않는,
하나의 불필요하고 거추장스러운 무엇인가로 바라보는
어른들의 시선은 당장 추방되어야 한다.

지금은 이렇게 강하게 말하고 있지만
사실은 정도의 차이가 있을 뿐 나 역시 마찬가지였다.
아이들을 시키는 대로만 해야 하는 로봇으로 생각했던 것 같다.
아이들도 얼마든지 자기 생각을 가질 수 있음에도 불구하고
아니, 그래야만 한다는 걸 알고 있으면서도
내 욕망만 강요하느라 아이들의 생각을 철저하게 제한했다.
"아빠가 하라면 하라는 대로 해!"
이렇게 아빠의 말을 무슨 성경 말씀처럼 강요했다.

아이가 무엇을 좋아하는지,
아이에게 무엇이 있는지도 관심 없었다.
아이가 자신의 길을 찾을 수 있도록 응원할 줄도 몰랐다.
나와 아이들의 관계가 멀어질 수밖에 없는 이유였다.

아빠는 아이들에게 언제나
안심하고 기대어 쉴 수 있는 곳이어야 한다.
아이들이 곤경에 처했을 때는
안전하게 머무를 수 있는 피난처가 되어야 한다.
그런 아빠라면 이렇게 말할 수 있을 것이다.

"그렇게 될 줄 아빠도 몰랐어. 다음에는 함께 이야기해보자."

"아빠의 말이 늘 옳은 건 아니야. 네 생각이 더 나을 때가 많아."

"너라면 어떠했을 것 같아. 아빠의 말은 그저 참고만 하렴."

나는 왜 이 말들이 그토록 어려웠던 걸까.

아빠의 금칙어

×××××

아빠가 하라는 대로만 하면 되는 거야.

아이에게 조언을 해주고 싶다면, 아이에게 맞는 조언이 무엇인지 먼저 생각해보세요. 아빠의 관점에서 전하는 조언은 아이에게 도움이 되지 않을 수 있습니다.

아빠의 말투와 행동부터 달라져야 한다.

그것이 곧 닥쳐올, 냉혹하고 잔인한 세상과 맞짱 뜰

아이들에게 용기를 불어넣어 줄 테니까.

좋은 관계는 스몰토크부터

사랑하는 나의 아이들에게 좋은 것만 남겨주고 싶다.
땡볕에 아이들이 땀을 흘리면 나무가 되어 그늘을 만들어주고,
강을 건너고자 한다면 배가 되어주고 싶다.

자녀와 친밀해지는 출발점, 스몰토크

나는 평소에도 사적인 얘기는 잘 안 하는데
집에 들어와서 아내에게는 더욱더 말수가 줄어든다.
직장에서는 영업사원으로 지내며
누군가의 불평을 들어주고 그에 대해 웃으며 대답해줘야 하기에
하루에 해야 할 말을 모두 일터에서 소진하고는 귀가한다.
그래서일까.
집에 오면 모든 에너지가 방전되어 아무 말도 할 수 없었다.

그런데 그게 아내에겐 불만인가 보다.
언젠가 나에게 이렇게 말했다.
"집에 왔으면 대화를 좀 나눠야 하는 거 아니야?

집에 들어와서는 씻고 저녁 먹고 그냥 자면 그게 무슨 부부야.

대화 좀 하자고 말해도 '얘기 해봐'라고 말하고는 끝이고.

언제까지 의식주만 공유하면서 살아야 해?

부부가 뭐 이래?"

그래도 뭐 어쩌겠는가.

입을 열 힘조차 남아 있지 않은데.

물론 잘 찾아보면 대화를 좋아하는 사람이 있긴 하다.

실제로 몇 년 전에 직장 동료에게 이런 말을 들었으니까.

"나는 집에 가서 아내와 얘기하는 게 좋아.

함께 공원을 산책하면서 하루 있었던 일을 서로 이야기해."

부럽기도 하지만 가족과의 대화는

나에게 정말 어려운 일이다.

집에서 나의 말은 늘 짧다.

거의 한마디로 끝이 나고

아내에게 곧바로 대화의 주도권을 넘긴다.

그런데 그 한마디가 따뜻하질 못하다.

"요점이 뭐야?"

얘들아
뭐하니?
당-황

"뭐가 그리 불만이야."

"다른 집들도 다 이렇게 살아."

나는 나대로 이유가 있고 아내는 아내대로 이유가 있을 것이다.

누가 맞고 누가 틀린지는 여기서 말하지 않겠다.

더 말하다간 이 책 때문에 부부 싸움을 할지도 모르니까.

그런데 언젠가부터 아내가 내게 말하던 불만을

나도 아이들에게 똑같이 말하고 있음을 깨닫게 되었다.

특히, 있는 듯 마는 듯 조용한 첫째 아들에게 불만이 생겼다.

아들은 말이 짧고, 할 말만 하고, 따뜻한 말을 할 줄 모른다.

"대화 좀 하자!"라면서 첫째와 대화를 시도하면

첫째 아들은 바로 내가 아내에게 보였던 모습 그대로 대답했다.

"뭐가 문제예요?"

"나도 알 만큼 알아요."

"다른 아이들도 다 그래요."

그러곤 입을 닫았다.

누구를 탓하랴?

첫째는 내가 아내에게 말하는 것을 보고 배웠을 것이다.

아이들은 듣고 배우는 게 아니라 보고 배운다.
늘 보던 것이 아빠의 무뚝뚝한 모습뿐일 텐데
아이가 살갑게 아빠를 대할 리가 없다.
그걸 불평하는 아빠가 문제지.
생각해보면 우습다.
부모끼리 대화는 엉망이었으면서
아이가 어렸을 때 달달한 대화 하나 제대로 못 했으면서
지금 와서 군대에서 집합하듯 모아놓고선
"우리도 이제 대화하자!"라고 선언하는 아빠라니
이상하게 보였을 것이다.

나는 아이들과 대화할 준비조차 제대로 하지 못했다.
아이들이 무슨 생각을 하고 있는지도 잘 모르면서 무슨 대화인가.
대화란 대화를 할 준비가 된 사람에게만 가치가 있다.
상대방을 모르면서 대화를 강요하는 건
일방적인 폭력일 뿐이다.

그래서일까?
아이들은 오늘도 엄마, 그리고 아빠를 향해 절규한다.

"제발 대화하자고 좀 하지 말아주세요."
편하게 말하라고 하지만 별로 할 말도 없고,
대화할 준비도 안 된 부모의 말을
그냥 듣고만 있으려니 곤혹스러웠을 것이다.

늦었지만 그래도 요즘엔
아이들과 이야기를 나누는 방법을 고민한다.
어떻게 해서든지 아이들과의 대화를 풀어나가려고 한다.
스쳐 지나가는 일상을 대화의 주제로 삼는 스몰토크로.
"오늘 학교에서 농구 시합 있었다면서?"
"그 우유, 맛있니?"
"엄마한테 들었어. 이어폰 사러 가는구나?"

대화는 '이걸 얘기해보자!'라고 시작한다고
저절로 되는 게 아니다.
대화하기 전에 상대방의 관심사가 무엇인지 아는 게 먼저다.
작은 것 하나부터 알아가는 일종의 탐색전이 필요한 것이다.
아이들과 대화를 시작하길 원하는 아빠라면
아이가 지금 관심을 두고 있는 작은 것 하나부터 찾아보자.

자녀와의 관계를 개선하고 싶은 아빠의 말투는

스몰 토크에서 시작되니까.

아빠의 금칙어

×××××

우리도 이제 대화하자.

무엇이든 억지로 하면 탈이 나는 법이에요.
자연스럽게 아이의 관심사로 대화를 이끌어보세요.

자녀의 솔직한 피드백에 감사할 것

집에만 가면 게을러지는 병에 걸려서인지
나는 주방에선 오랫동안 무능력자였다.
성인이라면 요리 몇 가지는 자신 있게 만들어
먹을 줄 알아야 하는데, 오랫동안 주방에서 무능력한,
한심하기 짝이 없는 중년 남성으로 살아서 부끄럽다.

요즘 시대에는 대단한 지위에 올라
위대한 사람이 되려는 욕심이 있는 남자보다는
요리나 청소 등 삶의 작은 단위부터
가꿀 줄 아는 남자를 멋지다고 여긴다.
남들에게 성공했다고 인정받는 사람이라도

집에서 요리 하나 못 한다면 인생을 제대로 살았다고 볼 수 없다.
특히 자녀를 둔 아빠라면
아이들의 취향을 강력하게 저격하는 떡볶이, 피자, 파스타 등의
생존 레시피 몇 개는 갖고 있어야 한다.

나는 이걸 아이들이 다 커버린 요즘에야 알아챘다.
요즘에는 먹고 싶은 게 있을 땐 혼자 해 먹는 것에 익숙해졌다.
새삼 요리에 소질이 있는 나를 발견한 것 같다.
특히 굽는 건 자신 있다.
항정살에 나만의 특제 소스를 만들어 구워주면
아이들은 열광한다.
스테이크는 숯불 없이 프라이팬에 구워도 훌륭한 맛을 낼 수 있다.

참고로 스테이크 굽는 비법을 소개하자면 다음과 같다.
첫째, 프라이팬을 준비한다.
둘째, 기름을 충분히, 고기가 튀겨질 정도로 넣고 달군다.
셋째, 고기에 굵은 소금을 왕창 뿌린다.
넷째, 고기에 기름을 왕창 바른다.
다섯째, '어? 이거 타는 거 아니야?' 할 정도로 굽는다.

아이들에게 잘 보이고 싶어서
퇴근하면서 마트에 들르는 일이 잦아졌다.
늦은 시간에 30퍼센트 할인하는
한우 원플러스 등급을 사서
학원 갔다가 늦게 귀가하는 아이들에게 구워서 먹이는 건
아빠의 행복 중 하나였다.

그러던 어느 날이었다.
첫째와 둘째가 늦은 시간 집에 있기에 스테이크를 구웠다.
고기라면 절대 사양하지 않는 내 아들들이 맛있단다.
고기 냄새를 맡은 막내딸도 먹더니 맛있단다.
어깨가 으쓱해졌다.
맛있다는 아이들에게 거만한 표정을 지으며 물어봤다.
"아빠, 회사 그만두고 이거 장사할까?"

"맞아. 아빠, 성공할 거야!"라는 말을 듣고 싶었다.
하지만 아들은 아빠에게 냉정한 피드백을 되돌려줬다.
"아빠는 안 돼. 손님으로 오는 학생한테 잔소리하다 망해."
'뭐야!'라는 짜증이 나오려는 걸 간신히 진정시켰다.

차분하게 대꾸했다.

"설마 아빠가 손님으로 오는

학생들에게까지 잔소리를 할까 봐?"

고개를 끄덕이던 첫째가 "그럴 거 같은데?"라며 부연 설명을 했다.

예를 들어 학생 손님들이 핸드폰을 보면서 스테이크를 먹으면

"손님들, 좋은 말로 할 때 휴대폰 내려놓고 드셔야죠?"

라면서 협박할 것 같다나? 성질이 났다.

"뭘 안다고 아빠한테 지적질이야?"

'빽!' 하고 소리를 질렀다.

아빠의 큰 소리에 흠칫 놀라며 황당해하던 첫째는

먹으려던 고기 한 점을 입에 문 채로 말없이 방으로 들어갔다.

무서워서가 아니라

더러워서 나를 피하는 듯한 아들을 보면서 아차 싶었다.

실제로 요즘 아이들은

아빠보다 엄마를 더 무서워한단다.

아빠는 아이들과 함께하는 시간이 너무 적어서

무서워할 겨를조차 없다나?

요리 피드백 부탁해요!
헉! 아빠가 변했다!

어쨌거나 나는 '아차' 했다.

지적당하면 인정할 줄도 알아야 한다.

지적을 해주는 사람이 나보다 약자라면 더욱 감사해야 한다.

나를 두고 뭐라 하는 첫째의 지극히 타당한 말에

귀 기울이며 반성하고 개선하려고 노력했어야 옳았다.

누군가 나의 부족함을 지적해준다면 고맙게 여겨야 하는데

특히 사랑하는 아이들의 충고라면 더욱 그렇다.

감사의 마음을 담아 나는 이렇게 말했어야 했다.

"고마워, 아빠가 좀 더 노력해볼게."

자녀의 솔직한 피드백은 아빠에겐 보약과도 같다.

줄 때 먹어야 한다. 놔두면 썩는다.

아빠의 금칙어

×××××

뭘 안다고 아빠한테 지적질이야?

아이가 아빠에게 하는 말을 관심의 표현이라고 생각해보세요.
받아들이고 소통하면 아이와 더 가까워질 수 있습니다.

자녀는 오늘도 아빠를 '복붙'하는 중이다

고등학교 1학년, 중학교 3학년과 1학년,
세 아이가 있는 우리 집은 조용할 날이 없다.
가만히 앉아만 있어도 사건과 사고가 터진다.
웬만한 것은 그냥 넘어가지만
한 번 넘어가고, 두 번 넘어가고, 세 번까지 넘어가면
인내의 임계점이 오르락내리락하는 건 당연하다.

오늘 아침에도 그랬다.
둘째가 어제 농구를 하다 다쳤단다.
자기 팔뚝을 잡고 밤새 낑낑대길래 병원에 가자고 했다.
참, 아이들은 알다가도 모르겠는 게

아프다고 하면서도 병원 얘기만 나오면 기겁을 한다.
그런데 보아하니 괜히 병원 갔다가 의사 선생님에게
농구를 잠시 그만두라는 말을 들을까 봐 겁내는 것 같다.
성질이 났다.
토요일 아침에는 가능하면 조용하고 여유 있게 보내고 싶었다.
그런데 농구하다 팔 다친 아들 때문에
병원에 가는 것도 귀찮은데, 안 간다고 떼를 쓰다니.
뭉기적거리는 아들을 향해 소리를 버럭 질렀다.
"빨리 나와! 아빠도 시간 없어! 바빠!
도대체 농구를 어떻게 했길래!"

투덜대며 준비하는 둘째의 인기척을 들으며 거실에서 기다렸다.
그때 텔레비전 프로그램을 보면서
깔깔대는 셋째가 눈에 거슬렸다.
1초의 주저도 없이, 거친 목소리로 딸에게 말했다.
"너는 분위기 파악도 못 하니? 텔레비전 끄고 방에 들어가!"
텔레비전을 끄면서 막내딸은
원망 가득한 목소리로 이렇게 말했다.
"매번 이래. 한 명 시작하면 이유도 없이 다른 사람까지…."

자기 방으로 들어가는 딸의 뒷모습을 보며 후회했다.
'나는 왜 웃으며 텔레비전을 보는 딸한테 짜증을 낸 걸까?'

둘째가 농구를 하다 다친 일과
셋째의 텔레비전 시청은 관계가 없다.
그런데 왜 나는 셋째에게 소리를 지르고,
텔레비전을 끄고 방에 들어가라고 했던 걸까.
이유 없는 짜증이었다.
아무런 연관도 없는 일에 괜한 성을 내는 나의 모습은
어른 혹은 아빠의 모습이 아니었다.
부모들은 자신의 아이들이 예쁜 말을 쓰기를 바란다.
옳은 행동을 하는 것에 주저함이 없기를 원한다.
그런데 아이들의 모델이 되어야 하는 부모들은
자기 모습이 자녀에게 어떻게 보이는지 관심이 없다.
부모가 일상에서 보여주는 모습은
고스란히 '복붙'되어 아이들의 태도로 남는다.
아빠의 행태가 '복사'되어 자녀에게 '붙여넣기'가 된다.

한 학원 강사의 이야기다.

강사 생활 하면서 '싸가지' 없는 학생이 있었는데
그 학생의 학부모랑 상담했을 때가 충격으로 남아 있습니다.
엄마랑 아이가 똑같았거든요.
말투 그리고 태도 모두.

사랑하는 나의 아이들에게 좋은 것만 남겨주고 싶다.
땡볕에 아이들이 땀을 흘리면 나무가 되어 그늘을 만들어주고,
강을 건너고자 한다면 배가 되어주고 싶다.
그렇게 좋아하고 또 좋아하는 나의 아이들을 위해서라도
내가 일상에서 하는 잘못된 말과 행동을 고쳐보려고 한다.
나의 잘못된 행태를 아이들이 '복붙'하지 않기를 바라면서.

아빠의 금칙어

×××××

너는 분위기 파악도 못 하니?

아이의 잘못이 아닌 일에 괜한 짜증을 내지 마세요.
잘못한 일에 대해서는 감정을 섞지 않고 말해야 해요.

자녀와의 약속만큼은 반드시 지킬 것

약속 안 지키는 사람을 좋아하는 사람은 없다.
약속은 말을 행동으로 옮기는 것이기에
약속을 어기는 사람은 신뢰가 가지 않는다.
약속은 상대와의 합의로 이루어지는 것이 대부분이다.
서로의 시간을 내어 합의로 이루어진 약속이 깨지면
마음이 상하는 것은 물론 불신까지 생긴다.

약속할 때 우리는 보통 새끼손가락을 건다.
왜 새끼손가락일까?
새끼손가락이 정신과 연결된 부분이라고
믿었기 때문이란다.

약속이 두 사람의 정신을 엮는 중요한 행위라고 여긴 것이다.

그런데 우리는 종종 자녀와의 약속을 우습게 여긴다.
나 역시 가끔 아이들과 약속을 하곤 했다.
생각해보면 아이들이 어렸을 때는
대화의 상당 부분이 약속이었다.
"수학경시대회에서 상 받으면 야구장에 데려갈게."
"내가 체크해준 수학 문제 다 풀면 일요일에 영화 보여줄게."
"구구단 3단 외우면 주말에 서울대공원으로 놀러가자."
"이거 심부름하면 네가 좋아하는 삼겹살 사 줄게."

하지만 세상일이 다 내 마음대로 되는 것이 아니지 않은가.
약속한 것을 아이들이 성취했다고 하더라도
갑작스레 부모님 집에 방문을 하게 되는 경우가 생기면
어쩔 수 없지 않은가. (뻔뻔하게 이렇게 생각했었다.)

아빠가 약속을 어겨 아이들의 표정이 좋지 않을 때
나는 더 인상을 찡그리며 냉정한 말투로 말했다.
"할아버지 집에 가야 하잖아. 중학생이 그 정도도 이해를 못 해?"

"시험 잘 본 건 알겠는데, 아빠가 몸이 안 좋은 거 안 보여?"
"오빠들 다음 주가 시험인데 무슨 동물원 타령이니?"
"집에서 먹는 게 건강에도 좋은 거야. 그것도 몰라?"
그렇게 아이들은 약속이 별것 아니라는 걸 배우게 되었다.
나는 신뢰를 잃었고 아이들은 약속의 중요성을 잊었다.

약속은 하는 것보다 지키는 것에 묘미가 있다고 한다.
지키지 못할 약속은 하지 말아야 한다.
하지만 약속을 지키지 못하는 경우가 생겼을 때
어떻게 대처해야 하는가도 중요하다.
빈약하기 이를 데 없는
아빠 논리를 핑계 삼아 설득하려는 대신
진심으로 사과하는 게 맞다.
그래야 아이들도 약속의 중요성을 인식하고
훗날 약속을 잘 지키는 사람으로 성장할 것이다.

삶의 주인이 된다는 것은 앎과 행동이 일치한다는 것이다.
그때야 비로소 우리는 자율적인 삶에 들어설 수 있게 된다.
아이들이 스스로 설 수 있도록 도와주고 싶다면

아빠가 약속을 어떻게 지키는지 보여줘야 한다.
약속을 지키지 못할 상황이 어쩔 수 없이 생긴다면
예를 들어 숙제를 봐주기로 했는데 갑자기 처리할 일이 생긴다면
"보면 몰라. 갑자기 일이 생겼잖아"라며 약속을 뭉개지 말고
"아빠, 이것만 하고 숙제 봐줄게"라고 말하는 게 맞다.
(물론 '이것만 하고' 반드시 숙제를 봐줘야 한다.)

우리 아이들의 정상적인 사회화를 원하는 부모라면
아이와의 약속부터 지킬 것, 나부터 기억해둘 테다.

아빠의 금칙어

×××××
바빠서 약속 못 지켜, 나중에 하자.

아이와의 약속은 꼭 지키려고 노력하세요.
부모와의 신뢰가 아이의 마음을 따뜻하게 합니다.

자녀의 인사를 대하는 아빠의 태도

누군가에게 사랑받고 있다고 확신할 때 사람은 용감해진다.
반대로 누군가에게 사랑받지 못한다고 느끼면
매사에 주눅이 들며 외톨이가 된다.
나는 아이들에게 아빠가 사랑하고 있다는 확신을 주지 못했다.
사랑하는 마음은 가득했지만 표현하지 못했다.
서툴렀다.

아이들은 어렸을 적 인사를 잘했다.
집을 나서는 내게 아이들이 건네는 인사는
이 세상에서 맛보는 최고의 기쁨 중 하나였다.
아빠가 출근하는 인기척에 눈을 비비며 일어나

잠이 덜 깬 얼굴로 인사하는 첫째를 보면 정말 힘이 났다.
고단한 밥벌이에 지쳐 귀가하면 현관문까지 좇아 나와서
강아지같이 매달리던 둘째를 볼 땐 행복감에 어쩔 줄을 몰랐다.
방글거리며 인사하는 셋째인 막내는 그저 사랑 그 자체였고.

아이들의 인사는 나에게 삶의 원동력이 되었다.
그런데 어느 순간부터 아이들에게 인사 받기가 어려워졌다.
"왜 인사를 안 하니!"라고 짜증을 내야
겨우 인사를 받을 수 있었다.
어디서부터, 무엇이 잘못된 것일까.

내 탓이었다.
아이들이 아빠에게 다가와서 인사를 했던 시절에는
내가 아이들의 인사를 받는 것에 미숙했다.
바쁜 출근길이라고 아이의 인사에 대충 "응", "그래" 하며 답했고,
퇴근할 때는 아이의 인사를 받는 대신 스마트폰을 쳐다봤다.
아빠의 하루가 궁금했던 막내딸의 인사에 대해서는
"아빠, 피곤하거든? 나중에"라고 말해버렸다.
얼마나 대단한 일을 했다고 피곤하다는 말로

아이들을 외면했던가.
언젠가는 밤늦게 귀가했을 때 인사를 하러 나오는 아이들에게
"내가 너희들을 위해서 이렇게 고생하는 거야!"라면서
생색을 냈던 적도 있다.

고백하자면 나는 그때 스스로 최면을 걸고 있었다.
'직장에 열심히 다니는 게 가족을 위한 일이야.'
'나는 그냥 열심히 돈만 벌어 오면 돼.'
'내가 있는 것만으로도 아이들은 힘이 날 거야.'
돌이켜보면 내 인생 최대의 착각이었다.
돈을 벌어 오는 게 먼저고
아이에게 사랑을 표현하는 건 다음의 문제인 것일까?
아니다.
사랑해야 할 사람을 전폭적으로 사랑하는 것이 먼저다.

집을 나가고 들어갈 때의 인사는 대화의 시작이요,
사랑의 시발점이다.
그런데 나는 그 결정적 순간에
바쁨, 피곤, 짜증을 핑계 삼아 무시했고

그 결과는 나를 닮아가는 아이들의 태도였다.
빵점짜리 아빠가 남긴 참혹한 성적표였다.
그래선 안 됐다.
일분일초가 아까운 출근 시간이지만,
지각하면 윗사람의 눈치를 보며 싫은 소릴 들어야 했지만,
아이들의 선한 얼굴을 보기 위해
다시 뒤돌아서는 용기를 택해야 했다.

그리고 말해야 했다.
"그래, 어제 공놀이 재미있었지?
밤에 숙제 때문에 힘들었지?
오늘도 친구들하고 재미있게 지내.
어렵고 힘든 일 있으면 말하고.
엄마가 해주시는 밥도 잘 먹고
하루 동안 쑥쑥 커야 한다. 알았지?"

볼에 뽀뽀라도 해준 후에는 뒷모습이 아닌 앞모습을 보여주며
조용히 현관문을 닫아야 했다.
미소를 가득 담은 얼굴로

'바이바이' 손을 흔드는 것은 당연한 일이고.

온 힘을 다해 사랑의 감정을 표현했어야 했는데 그걸 안 했다.

기본도 제대로 모르는 아빠였다.

지금이라도 바꾸어 보려고 한다.

매일 아침 아이들에게

사랑한다고 말해주면서 격하게 인사를 나누려 한다.

아빠의 금칙어

×××××

아빠, 피곤하거든?

아이를 사랑하는 일에 피곤은 핑계가 될 수 없어요.
하루 10분이라도 최선을 다해 사랑을 표현해주세요.

하고 싶은 것이 있다는 것만으로도 충분하다

초등학교 2~3학년 무렵까지 아들들은 레고를 좋아했다.
그건 아빠인 나에겐 일종의 숙제였다.
아빠의 용돈을 아껴 써야 풀 수 있는 숙제 말이다.
뭔 놈의 장난감이 그리 비싼지.

참고로 지금처럼 일본상품에 대한 불매운동이 있기 전만 해도
나의 '최애' 의류점은 '유***'였다.
그런데 옥스퍼드 남방, 스트레이트 팬츠, 조끼, 청바지는 물론
면양말에 발열내의까지 모두 구입한 총 가격이
레고 패키지 하나보다도 저렴했다.
어쩔 수 있는가.

생일이나 어린이날 때는 마음을 단단히 먹고 사 줬다.
일정 기간 용돈을 절약해내는 것으로 아이의 웃음을 샀다.

그러던 어느 날이었다.
둘째 아들에게 어린이날 선물로 레고 패키지 하나를 사 주었다.
만만치 않은 가격이라 부담됐지만
흐뭇해하는 아이를 보니 기뻤다.
집에 오자마자 둘째는 형은 물론 레고에 관심 없는 동생한테도
자랑을 하느라 정신이 없었다.
그런데 문제는 그다음부터였다.
기쁨으로 폭발할 것 같던 둘째가
수없이 많은 장난감 부속품 앞에서 망연자실한 표정을 지었다.
고민하던 아들은 나를 자신의 방으로 끌고 가더니 이렇게 말했다.
"아빠, 만들어줘요."

마흔이 넘어 노안이 왔다.
가까운 곳에 있는 것을 보기가 불편하다.
레고의 작은 부속품은 솔직히 잘 보이지도 않는다.
설명서는 왜 그리도 글자가 작은지.

그런데 나보고 만들라고 하니 짜증이 났다.
만약 여러분이라면
레고를 만들어 달라는 둘째에게 무슨 말을 했을까.

1. 하지도 못할 걸 왜 사달라고 그랬어!

2. 끝까지 혼자 해야지!

3. 어렵지? 아빠가 해줄게!

4. 같이 만들어볼까?

2번을 선택해서 "그냥 네가 알아서 끝까지 만들어"라고 말한다면
아이의 인내심을 길러주겠다는 뜻으로 말한 거겠지만
단칼에 거절하는 아빠의 태도에 서운함을 갖게 될지도 모른다.
3번을 선택하면 자상한 아빠가 될까?
그럼 아이가 해야 할 일을 언제까지 아빠가 대신해줘야 할까.
아이의 존재 자체를 부정하는 말 아닐까.
나는 1번을 선택했다.
그러곤 퉁명스럽게 핀잔을 줬다.
"비싼 돈 들여서 사 줬는데, 앞으로 사 달라고 하지 마!"
지금이라면 나는 4번을 택할 것 같다.

"그래, 우리 함께 만들어보자. 우선 아빠가 몸통부터 만들게.
그런데 잘 안 보여서 그러니 이 작은 부품들을 정리해줘."

"하지도 못할 것을 사 달라고 했어?"라며 짜증을 내는 대신
도와주고, 또 도움을 받으며 아들과의 시간을 즐겼을 것이다.
세상은 자기 혼자만의 힘으로는 살 수가 없다는 사실을 알려주고
협력의 중요성을 아들에게 가르쳤을 것 같다.

그런데 나는 그러지 못했다.
그게 너무 아쉽다.

아빠의 금칙어

×××××

하지도 못할 걸 왜 사 달라고 그랬어!

**아이가 어려운 문제를 맞닥뜨리면 피하고 싶어 할 수도 있어요.
그럴 땐 아빠가 끝까지 풀 수 있도록 유도해주면 좋아요.**

아이들은 오늘도
너그러워지는 중이다

'중2병'은 이제 보통 명사가 되었다.
중학교 2학년을 전후한 아이들의 반항은
부모들에게 커다란 과제다.
이때의 반항을 긍정적으로 볼 줄 아는 부모는 많지 않다.
심리학에서는 이 시기의 반항을
한 아이가 어른이 되어 갈 때 수반되는,
자기 정체감을 형성하는 과정이라고 정의한다.

'아, 너도 사람이 되어 가는구나!'라며
마음으로 축복해줘야 하고,
당연한 통과의례라고 여겨야 하지만

대부분 부모는 이를 참지 못하고 오히려 아이들을 질책한다.
"너 왜 그래? 애가 이상해졌네?"
"그냥 가만히 있으니까 너무하네. 무슨 중2가 벼슬인 줄 알아?"
인간이라면 누구나 겪는 과정임에도
부모는 대부분 이를 해결, 아니 없애야 하는 긴장 관계로 보고
빠른 시기에 해소하려는 조급증으로 아이들을 망친다.

나는 어땠을까.
스스로 정체감을 찾아가려고 고민하는 아이를 응원해야 했지만
10대의 발달 과업인 자존감을 찾아가는 아이를 격려하는 대신
괜한 질책과 짜증으로 아이들을 닦달했다.
언젠가 이런 일도 있었다.
학원을 다녀와 침대에 뻗어 있는 둘째를 보게 됐다.
안타까운 마음도 잠시, 아빠인 내 눈에 들어온 건
아무렇게나 팽개쳐진 가방과 양말, 웃옷 등이었다.

"방 꼬라지가 이게 뭐니? 이렇게 어질러놓고 공부가 돼?"
억지로 몸을 일으킨 아들이 답했다.
"엄마, 아빠 방도 지저분하던데."

이 말에 욱하지 않을 부모가 대한민국에 몇이나 될까.
"뭐라고? 아빠가 말하는데 그게 뭐야! '네'라고 해야지!"
그렇게 대화는 끝났다.
그날만이 아니었다.
솔직히 늘 그랬다.
아빠가 말하면 '네'라고 대답해야 한다는 비상식적인 논리를
부끄러움도 모른 채 왜 아이들에게 써먹었는지 모르겠다.

참고로 나는 일터에서
일방적 지시를 받을 때가 제일 기분 나쁘다.
수동적으로 고개를 끄덕이긴 하지만 자존감은 훼손된다.
내 의견이 받아들여지지 않을 거라는 생각은
나를 무력하게 만든다.
그런 생각을 하는 내가 왜 정작 사랑하는 아이에겐
일방통행의 명령과 복종을 원했던 걸까.

중학교 2학년이었던 첫째는 어느새 고등학교 1학년이 되었다.
유치하고 속좁은 나와 달리 아들은 너그럽고 당당하다.
아이들은 아빠의 유치함 속에서도 이렇게 멋지게 성장했다.

아빠의 수준 낮은 말투를 접하면서도

올바르게 성장한 아들에게 진심으로 고맙다.

아빠의 금칙어

×××××

아빠가 말하는데 '왜?'라니! '네'라고 해야지!

정답을 정해놓고 아이에게 얘기하는 건 금물입니다.
아이는 아이 나름의 생각을 얘기할 수 있어요.

잘 지켜보면
너무나 예쁜 아이들

남편과 아들 사이에서 스트레스를 받는다는
엄마의 사연을 듣게 되었다.

중학교 2학년 아들 엄마입니다.

예민해서 그런가, 감정 처리가 미숙해요.

그러다 보니 타인의 감정을 받아들일 에너지가 없어 보여요.

남편은 성격이 '나이스'하고 '매너'도 괜찮습니다. 가정적이고요.

그런데 아이가 '싸가지 없이' 말하는 걸 참질 못해요.

지난 몇 년 동안 이것 때문에 전쟁입니다.

사실 아이는 반항적으로 들리는 말을 많이 해요.

예를 들어 "아니요, 안 할래요." 하면 될 것을

"도대체 그걸 내가 왜 해야 해?"라고 합니다.

그것도 도전적인 말투로요.

남편은 '저걸 놔두면 애가 망가진다'면서

아들의 말을 전부 교정해주려고 해요. 그러다 결국 큰소리가 나고.

이게 반복되니 저도 스트레스를 받아서 미치겠어요.

남편도 아이도 모두 밉습니다.

이 글을 읽은 당신은 엄마에게 어떤 말을 해주겠는가.

나라면 두 가지를 말해줄 것 같다.

첫째, 아빠는 유죄다.

아마 아빠에겐 인생의 어느 순간에

상대를 생각하지 않고 막말하는 사람으로 인해

마음의 상처를 입은 트라우마가 있는 게 아닐까 싶다.

그렇다고 해도 자녀의 모든 말과 행동에 대한 판단 기준을

'싸가지 유무'로 삼는다면 그것 역시 잘못된 태도다.

아빠에게 기준이 있듯 아들에게도 자신의 기준이 있다.

거슬리는 아들의 말투? 그건 아들 나름의 생존 방식일 수도 있다.

아빠에게 거슬릴 뿐 아이에겐 평범한 말인 것이다.
아이 역시 자신의 말투를 가다듬는 중이다.
시간이 필요하다. 기다려주어야 한다.
성급함이 관계를 망친다.

둘째, 아들은 죄가 없다.
아들은 그저 자기 나름대로 세상에 맞서는 중이다.
아이가 도둑질한 것도 아니고, 누군가를 때린 것도 아니다.
나쁜 말을 쓴 것도 아니요, 범죄를 저지른 것도 아니다.
문제가 있다면 말투일 뿐인데
그건 기다려주면 언젠가 좋아질 것이다.
격려하지는 못할망정 이상한 아이 취급을 해서야 되겠는가.
결론적으로 말하면 아빠만 잘하면 된다. 끝!
아들이 평안해질 수 있도록 조금만 더 지켜볼 것.

그런데 이렇게 말하고 나니,
이야기 속 아빠의 모습에서 다름 아닌 내가 보였다.
아이가 버릇없는 말투로 말했다고
꼬투리 잡아서 얼마나 화를 냈던가.

오늘부터는 좀 더 기다려주리라

다시 한 번 다짐한다.

아빠의 금칙어

×××××

너는 왜 이렇게 '싸가지'가 없니?

아이를 탓하기 전에 자신의 행동을 먼저 돌아보세요.
아이는 부모를 보고 하는 행동일 수도 있습니다.

나오는 말

나는 정말 아빠다운 아빠가 되었을까?

1

아이들은 내게 항상 기쁨이었습니다.

단 한 번도 슬픔이었던 적이 없습니다.

그저 존재 그 자체만으로도 행복이었습니다.

단지 아빠의 왜곡된 욕망이

아이들을 가끔 미워 보이게 했습니다.

그때 아빠인 나는 참지 못했습니다.

그렇게 막되어 먹은 말투와 행동이

아이들을 향했습니다.

그게 정말 후회됩니다.

미안하고 또 미안합니다.

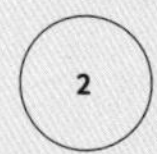

‘아이를 똑똑하게 키운다’라는 말을 종종 듣곤 합니다.

이 말의 본래 뜻은 현명하고, 지혜로운 아이로

키운다는 의미겠지만

어떤 이들은 단지 아이의 성적을

올리겠다는 뜻으로 이 말을 사용합니다.

저 역시 그런 의미로

아이를 똑똑하게 키우고 있다고생각했습니다.

이제 그런 생각, 버릴 겁니다.

있는 그대로 행복덩어리인 아이들을

좀 더 좋아하고 또 사랑하겠습니다.

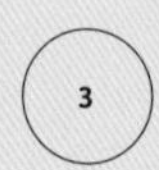

늦은 시간, 깊은 잠에 빠진,

예쁘기 이를 데 없는 아이들 셋을 보면서
저는 오늘도 하루를 잘 보냈음에 만족합니다.
'눈에 넣어도 아프지 않을 아이'라는 말이 있던데,
솔직히 눈에 넣으면 아프긴 할 것 같지만,
넣으라면 넣을 수 있을 것 같습니다.
그만큼 사랑합니다.
그런데 나는 '아빠다운 아빠'가 되긴 된 걸까요?
아직도 멀었습니다.

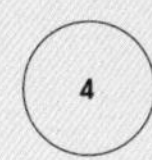

그래서 오늘도 조금씩 더 나아지려고 합니다.
아이들이 바라봤을 때
100퍼센트 완벽한 아빠는 아니지만
100퍼센트 완벽하게 사랑하는 아빠가
되는 것을 목표로 삼을 겁니다.
지금까지는 사랑하는 법을 몰랐기에
말투도, 행동도 엉망이었지만 이젠 조금 알았으니
지금부터라도 잘 사랑하겠습니다.

아이들이 아빠의 반성문을 받아주기만 한다면.

5

지금 아니, 언젠가 아이들이
아빠라는 단어를 머릿속에 떠올렸을 때
유쾌하지 않은,
아니 거추장스러운 그 무엇으로
생각하지 않았으면 좋겠습니다.
어려움이 생길 때 도움을 청하고 싶은,
기쁜 일이 생겼을 때 함께하고 싶은,
그런 아빠가 되었으면 좋겠습니다.
정말 그랬으면 합니다.
제게 남은 마지막 꿈입니다.

21쪽

최재천, 〈거미 아빠의 사랑〉, 《조선일보》, 2016.12.20.

140쪽

최경영, 〈전교 1등 모범생이 살인자가 된 이유…"부모이길 원했지만"〉, 《국민일보》, 2015.7.17.

146쪽

남정미, 〈작품 훼손한 아이 덕에 관심 커져… 고놈이 내겐 봉황이야〉, 《조선일보》, 2021.6.21.

174쪽

오은영, 『어떻게 말해줘야 할까』, 김영사, 2020.

195쪽

파멜라 드러커맨, 『프랑스 아이처럼』, 이주혜 옮김, 북하이브, 2013.

서툴지 않게 진심을 전하는 대화법

아이와의 관계는 아빠의 말투에서 시작됩니다

초판 1쇄 발행 2021년 11월 4일
초판 3쇄 발행 2021년 12월 22일

지은이 김범준
펴낸이 김선식

경영총괄 김은영
기획편집 임소연 **디자인** 황정민 **책임마케터** 박태준
콘텐츠사업4팀장 김대한 **콘텐츠사업4팀** 황정민, 임소연, 박혜원, 옥다애
마케팅본부장 권장규 **마케팅4팀** 박태준
미디어홍보본부장 정명찬 **홍보팀** 안지혜, 김재선, 이소영, 김은지, 박재연, 오수미, 이예주
뉴미디어팀 허지호, 박지수, 임유나, 송희진 **리드카펫팀** 김선욱, 염아라, 김혜원, 이수인, 석찬미, 백지은
저작권팀 한승빈, 김재원 **편집관리팀** 조세현, 백설희
경영관리본부 하미선, 박상민, 김민아, 윤이경, 이소희, 김소영, 이우철, 김혜진, 김재경, 오지영, 최완규, 이지우
외부스태프 일러스트 고고핑크

펴낸곳 다산북스 **출판등록** 2005년 12월 23일 제313-2005-00277호
주소 경기도 파주시 회동길 490 다산북스 파주사옥 3층
전화 02-702-1724 **팩스** 02-703-2219 **이메일** dasanbooks@dasanbooks.com
홈페이지 www.dasanbooks.com **블로그** blog.naver.com/dasan_books
인쇄·제본·종이 갑우문화사

ISBN 979-11-306-7788-0(13590)